나를 긍정의 세계로 인도한 사랑하는 아내에게 이 책을 바칩니다.

아무도 없는 숲

의 나무는 쓰러져도 소리가 나지 않는다

초판 1쇄 발행 2025년 4월 5일

저자 이광식

펴낸이 양은하
펴낸곳 들메나무 **출판등록** 2012년 5월 31일 제396-2012-0000101호
주소 (10893) 경기도 파주시 와석순환로347 218-1102호
전화 031)941-8640 **팩스** 031)624-3727
전자우편 deulmenamu@naver.com

값 22,000원
ⓒ이광식, 2025
ISBN 979-11-86889-34-3 (03440)

아무도 없는 숲
의 나무는 쓰러져도
소리가 나지 않는다

"If a tree falls in a forest and no one is around to hear it, does it make a sound?"

이광식 지음

들메나무

머지않아 헤어질 것들을 깊이 사랑하라

"철학이 내가 누구인가 묻는다면, 천문학은 내가 어디에 있는가를 묻는다"고 한 어느 천문학자의 말처럼, 나는 내가 사는 우주란 동네가 어떤 곳인지가 늘 궁금했고, 그러다 보니 어영부영 여기까지 왔고, 이윽고 스피노자를 따라 우주를 신이라 믿고 귀의하기에 이르렀고, 우주를 강연하고 글 쓰고 포교하게 되었다.

어차피 사람이 우주를 다 알고 갈 수는 없지만, 지금도 나는 밤하늘에 빛나는 별들을 보면 여전히 경이스럽고, 감동한다. 내가 어쩌다 이런 희한한 동네에 살게 되었나 싶고, 138억 년이란 장구한 우주의 시간에 비해 불티 같은 찰나를 살다 가는 내가, 중심도 가장자리도 안팎도 따로 없는 930억 광년의 이 광막한 우주를 살아내기 위해 꼭 한 가지 필요조건은 있어야겠다는 결론에 닿는다. 사랑이다. 일찍이 노자는 천지불인(天地不仁)이라 했지만, 그것은 우주의 기적이자 우주의 신이 피조물에게 준 자애로운 선물이다.

아인슈타인은 "나는 신의 생각을 알고 싶다. 나머지는 세부적인 것에 불과하다"고 말했지만, 그럼에도 인간의 행복이나 삶의 의미는 우주의 창조 의도나 그 기원에서 오는 것이 아니라, 오로지 인간관계망에 깃든 사랑으로만 가능한 것이다. 그것이 우주가 나에게 준 가르침이다.

"아무리 우주가 신비스럽더라도 그 안에 사랑하는 사람이 없다면 별 볼 일이 없다"고 말한 우주론자 스티븐 호킹의 말마따나 우리에게 사랑이 없으면 이 대우주도, 인간세상도 만사휴의(萬事休矣)다.

박정만 시인(1946~1988)이 그의 절명시에서 "나는 사라진다 / 저 광활한 우주 속으로"('종시(終詩)' 전문)라고 말했듯, 우리 모두는 머지않아 우주로 돌아가며 낱낱의 원자로 해체될 것이다. 그리고 그 해체된 원자들 속에 이미 '나'는 없다. 그러므로 머지않아 헤어질 것들을 깊이 사랑하라.

2025년 봄 강화도 퇴모산에서
이광식 씀

CHAPTER 3

별이 빛나는 이유

CHAPTER 4
은하와 블랙홀

CHAPTER 5
인간과 우주

CHAPTER 6

과학이 우주의 비밀을 다 밝혀낼 수 있을까?

Chapter 1

놀라운 지구의
실제 상황

**인류는 광활한 우주공간에서
특별히 안락한 우주 특구에 살고 있다.**

┤ 미치오 가쿠 · 미국 물리학자 ├

지구 중력을 직접 눈으로 보고 싶으세요?

'포츠담 중력 감자'

지구 중력을 눈으로 직접 확인하고 싶다면 '포츠담 중력 감자'를 이용하면 된다. 17세기 영국의 아이작 뉴턴이 우주 삼라만상을 지배하고 있는 만유인력, 곧 중력을 발견하고 중력 방정식을 완성한 이래, 지구상 모든 존재가 지구 중력의 영향권 안에 있다는 사실이 알려졌지만, 중력의 진정한 정체는 아직까지 완전히 밝혀지지 않은 자연계 최대의 미스터리 중 하나다.

뉴턴이 찾아낸 만유인력의 법칙은 한마디로 우주 안의 모든 것들이 하나의 법칙으로 작동하고 있다는 것이며, 그것을 문장으로 표현하면 다음과 같다. "모든 물체는 각기 질량의 힘으로 서로 끌어당긴다. 이 힘은 두 물체의 질량의 곱에 비례하며, 두 물체 사이 거리의 제곱에 반비례한다."

이를 수식으로 나타내면 허망할 정도로 단순하다.

$$F = G \frac{m_1 \, m_2}{r^2}$$

F : 인력, G : 만유인력 상수, m_1/m_2 : 두 물체의 질량, r : 두 물체 사이의 거리

이 간단한 방정식 하나로 우주 안의 만물은 서로 감응한다. '나'라는 존재도 온 우주의 만물과 서로 중력을 미치며, 사과 한 알이 떨어져도 온 우주가

감응한다는 뜻이다.

우리가 공중에 떠다니지 않고 땅에 발을 붙이고 사는 것도 다 지구 중력 덕분이지만, 지구 표면에서도 중력이 강한 곳이 있는가 하면 상대적으로 약한 곳도 있다. 아인슈타인의 일반 상대성 원리에 의하면, 중력이 란 실재하는 힘이 아니라 질량

지구 중력의 분포를 보여주는 '포츠담 중력 감자' (출처/CHAMP, NASA)

에 의해 휘어진 시공간의 곡률이다. 물질은 공간을 휘게 하고, 공간은 그 휘어진 곡률에 따라 물질을 움직인다.

중력을 전하는 '중력파' 가설이 아인슈타인의 일반 상대성 이론에서 제안 되었는데, 그로부터 1세기가 지난 2016년 2월 12일, 마침내 지구로부터 13억 광년 떨어져 있는 두 개의 블랙홀이 충돌하면서 발생한 중력파가 라이고(LIGO, 레이저 간섭계 중력파 관측소)에 의해 검출되었다. 이로써 인류는 우주를 탐구하는 데 새로운 '눈'을 갖게 되었다.

지구 중력의 강약을 보여주는 '포츠담 중력 감자'는 고감도 탐지기를 탑재한 인공위성 CHAMP와 GRACE가 지구 궤도를 돌면서 작성한 지구 중력장의 크기를 지구 표면의 높이로 시각화한 3차원 지구 모형이다. 결과물로 나온 것이 마치 감자 같은 모양인데다, 주로 독일 포츠담에서 연구가 진행된 탓으로 이같이 코믹한 이름을 얻게 된 것이다. '지구 중력 지도'라고도 한다.

CHAMP(Challenging Mini-satellite Payload)는 2000년 7월 발사된 독일의

과학위성으로, 지구 중력장과 자기장 데이터를 10초에 한 번 꼴로 측정하여 이를 전송했다. 이후 독일항공우주센터(DLR)와 미항공우주국(NASA)의 합동 프로젝트로 2002년 3월 GRACE 위성이 발사되었다.

GRACE(Gravity Recovery And Climate Experiment) 위성은 같은 높이에서 지구를 공전하는 두 개의 위성으로, 두 위성이 약 220km 간격을 유지하며 궤도운동을 한다. 그런데 높은 산이나 계곡, 바다와 육지의 경계 등 지구 내부의 밀도 변화에 따라 중력의 변화가 나타나는 곳을 지나게 되면 두 위성 사이의 거리에 미세한 변화가 생기는데, 이 거리를 측정하여 지구의 중력 변화를 계산한 것이다.

이 지도에서 높게 튀어나온 부분은 다른 곳보다 중력이 강하다는 뜻으로 붉게 칠해져 있다. 인도양 부근처럼 움푹 들어간 곳은 중력이 약한 지역이며 푸른색으로 표시되어 있다. 울퉁불퉁한 모습을 한 이유는 중력을 유발하는 지구의 밀도 분포 또는 지형 분포 등이 불규칙하기 때문이다. '포츠담 중력 감자'는 평균 해수면을 기준으로 한 등포텐셜 면인 지오이드(Geoid)에 해당한다. 이 지도를 장기간에 걸쳐 연구하면 지구 표면에서 나타나는 질량 이동 양상을 알 수 있는데, 이를 통해 빙하가 녹는 현상, 해류의 변화 등을 알아낼 수 있다.

지구 자전을 눈으로 확인하는 방법

직각삼각형으로 알아낸 지동설

해가 지고 달이 뜨는 것을 보고 하늘이 지구를 중심으로 움직인다고 하는 천동설을 철석같이 믿었던 인류에게, 그 반대로 우리가 딛고 있는 땅덩어리가 태양 둘레를 돈다는 지동설을 한 천재가 주장한 것은 무려 2,300년 전의 일이다.

고대 그리스의 천문학자 아리스타르코스는 달이 정확하게 반달이 될 때 태양-달-지구는 직각삼각형의 세 꼭짓점을 이룬다는 사실에 착목하여, 이 직각삼각형의 한 예각을 알 수 있으면 삼각법을 사용하여 세 변의 상대적 길이를 계산해낼 수 있다고 생각했다.

그는 먼저 달-지구-태양이 이루는 각도를 쟀다. 87도가 나왔다(참값은 89.5도). 세 각을 알면 세 변의 상대적 길이는 삼각법으로 바로 구해진다. 그런데 희한하게도 달과 태양은 겉보기 크기가 거의 같다. 이는 곧, 달과 태양의 거리 비례가 바로 크기(지름) 비례가 된다는 뜻이다. 아리스타르코스는 이런 방법으로 세 천체의 상대적 크기를 또 구했다.

그가 구한 세 천체의 물리적 양은 다음과 같았다. 태양은 달보다 19배 먼 거리에 있으며(참값은 400배), 지름의 크기 또한 19배 크다. 고로 지구보다는 7배 크다(참값은 109배). 따라서 태양의 부피는 지구의 300배에 달한다고 결론지었다.

실제 값과는 큰 오차를 보이긴 했지만, 당시의 조건을 고려한다면 이것만으로도 대단한 업적이라 하지 않을 수 없다. 그의 기하학은 정확했지만, 도구가 좀 부실했던 모양이다. 하지만 본질적인 핵심은 놓치지 않았다. "지구보다 300배나 큰 태양이 지구 둘레를 돈다는 것은 모순이다. 지구가 스스로 자전하며 태양 둘레를 돌 것이다."

이리하여 천동설을 제치고 인류 최초의 지동설이 탄생하게 되었지만, 당시 이 같은 아리스타르코스의 주장은 큰 반발을 불러일으켰다. 게다가 신성모독이므로 재판에 부쳐야 한다는 주장과 함께 스토아학파의 학자들로부터 날카로운 반론이 튀어나왔다.

"당신 주장대로라면 공중 높이 돌을 던지면 던진 장소로부터 서쪽으로 이동한 자리에 떨어져야 하는 것 아닌가? 물론 하늘을 나는 새도 동쪽으로 날기 위해서는 매우 힘겹게 날아가야 하겠지만, 서쪽으로 날기 위해서는 방향만 잡은 채 가만히 있어도 서쪽으로 이동할 것 아닌가?"

이에 적절히 답할 물리학이 당시엔 없었으므로, 지동설이 힘을 얻지 못하는 한 원인이 되었다. 이에 대한 정확한 답변은 1,800년 뒤, 모든 계의 물리 법칙은 동일하게 작용한다는 갈릴레오 갈릴레이의 상대성 이론을 기다려야만 했다. 우리는 지구와 같이 움직이므로 지구의 자전이나 공전을 체감할 수 없는 것이다.

하지만 지구가 자전하면서 태양 둘레를 돈다는 아리스타르코스의 주장을 완벽히 뒷받침하는 직접적인 증거는 그로부터 2,100년이나 뒤인 1851년에야 발견되었다.

프랑스 파리 팡테옹에 있는 푸코의 추. 1851년 푸코는 팡테옹의 돔에서 길이 67m의 실을 내려뜨려 28kg의 추를 매달고 흔들었고, 시간이 지남에 따라 진동면이 천천히 회전했다.

지구 자전의 직접적인 증거, 푸코의 진자

프랑스 물리학자 레옹 푸코(1819~68)는 지구 자전을 증명하기 위해 이른 바 '푸코의 진자'라는 장치를 고안해냈다. 1851년 푸코는 팡테옹의 돔에서 길이 67m의 실에다 28kg의 납추를 매달아 진동시켰는데, 시간이 지남에 따라 진동면이 천천히 회전하는 것이 밝혀졌다. 진동면의 바닥, 즉 지구는 반시계 방향으로 회전하는데, 추의 진동면은 고정된 상태이므로, 겉보기로는 진동면이 시계 방향으로 움직인다는 사실이 밝혀진 것이다.

추의 진동면은 32.7시간마다 완전한 원을 만들면서 시계 방향으로 매시간

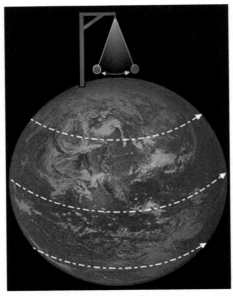
북극에 매단 푸코의 진자 개념도 (출처/wiki)

11도씩 회전했는데, 이는 곧 지구가 자전하는 것을 보여주는 직접적인 증거였다. 이로써 아리스타르코스가 지동설을 주창한 지 무려 2,100년이 지난 후에야 인류는 비로소 그 직접적인 증거를 눈으로 보게 된 셈이다. 푸코는 이 실험으로 권위를 자랑하는 영국왕립협회의 코플리 메달을 받았다.

진자가 오랫동안 진동을 유지할 때, 지구의 관찰자는 진자의 진동면이 회전하는 것을 관찰할 수 있다. 실제는 지구가 회전하면서 진자의 고정점을 함께 이동시키지만, 지구와 함께 회전하는 관찰자에게는 진자의 고정점은 변하지 않고 진동면이 회전하는 것으로 보이게 된다. 이와 같이 지구에 정지한 관찰자의 관점에서 진자의 진동면을 회전시키는 힘을 '코리올리 힘'이라고 부른다.

푸코 진자의 회전 주기는 위도에 따라 변한다. 북극이나 남극에서는 중력과 지구 자전축의 방향이 같으므로 회전 주기가 지구의 자전 주기와 같다. 이에 비해 적도에서는 중력과 지구자전축의 방향이 수직이므로 진자 진동면은 거의 변하지 않고 진자 진동면의 회전 주기는 무한대가 된다. 현재 파리의 팡테온 돔 아래에서 기존 푸코 진자의 복제품이 영구적으로 진동하고 있다.

지구 자전의 증거를 직접 볼 수 있는 푸코의 진자는 집에서도 간단히 만들 수 있다. 필자는 집 2층 베란다에 끈 길이 5m의 푸코 진자를 설치했다. 이 진자를 남북 방향의 흰 줄과 나란하도록 진동시킨 후 10분쯤 지나니 추의 진동 방향이 시계 방향으로 틀어져 있음을 확인할 수 있었다. 추는 공간에서 흔들리지만, 바닥은 초속 350m로 달아나는 것이다. 이는 직접 내 눈으로 지구 자전을 본 것이라 해도 틀린 말은 아니다.

베란다에 만든 푸코의 진자. 지구 자전을 직접 눈으로 확인할 수 있다. (출처/이광식)

이렇게 자전하면서 태양 둘레를 공전하는 지구의 움직임이 부디 멈추어지지 않기를 기원하자. 지구가 멈춰지면 그것은 곧 지구의 종말이니까.

지구의 진짜 나이, 어떻게 알아냈을까?

지구 나이가 6천 살이라고?

현재 지구의 나이는 약 46억 살인 것으로 알려져 있다. 이 어마무시한 나이를 과학자들은 대체 어떻게 알아냈을까? 여기에는 수세기에 걸친 과학자들의 땀이 서려 있다. 그들은 지구의 정확한 나이를 알아내기 위해 갖가지 방법들을 궁리하고 찾아냈다.

지구의 나이는 오래전부터 인류의 커다란 궁금증 중 하나였지만, 그것을 알아내는 것은 결코 간단한 문제가 아니었다. 17세기까지만 해도 지구의 나이는 6천 살을 넘지 못했다. 우리나라의 역사가 반만 년이라는데 지구가 겨우 6천 살이라고?

이런 터무니없는 주장을 편 사람은 아일랜드의 제임스 어셔(1581~1656)라는 주교다. 그는 당시 성경을 근거로 계산한 끝에, 지구는 기원전 4004년 10월 23일 오전 9시에 탄생했다면서 대담하게도 정확한 지구의 '생년월일'을 결정해 발표했다.

어셔의 계산 방법은 성경에 나오는 대로 여러 대 내려온 가계의 연수를 더하는 것이다. 이를 바탕으로 해서 수백 년씩 산 몇몇 족장들의 수명을 계산하고, 천문학 주기와 중동·이집트의 역사 속에 알려진 사실들을 비교 검토해 본 끝에, 이 '시작'이 예수 탄생으로부터 약 4,004년 전 10월 23일 아침녘이었음을 추산해냈던 것이다. 이 지구의 나이는 종교 권력을 업고 상당 기간 정설로 받아들여졌다.

'블루마블'. 1972년 12월 7일, 달로 향하던 아폴로 17호의 승조원들이 되돌아본 지구의 모습. 17세기까지만 해도 지구의 나이는 6천 살을 넘지 못했다. (출처/NASA)

그런데 유럽 대륙의 성서학자들 역시 지구 나이가 6,000년 미만일 것이라고 예측했다. 이는 천지 창조 6,000년 후에 최후의 심판이 일어날 것이라고 믿었기 때문이다. 유럽의 종교개혁 당시 마르틴 루터는 지구의 탄생 연도가 기원전 3961년이라고 주장하기도 했다. 더욱이 몇몇 위대한 과학자들이 "태초에 하나님이 천지를 창조하시니라"라는 창세기의 첫 문장을 우주 탄생과 지구 역사의 시작이라고 굳게 믿은 나머지 천지창조의 연대를 어셔의 연대와 매우 가깝게 계산했다.

예컨대, 행성운동의 3대 법칙을 발견해 17세기 천문학 혁명을 연 요하네스 케플러(1571~1630)는 기원전 3992년으로 창조의 연대를 계산했다. 또한 운동과 중력의 법칙, 미적분 등을 발견한 최고의 과학 천재 아이작 뉴턴(1642-1727)은 어셔 주교의 연대기를 열심히 방어하며 다음과 같은 말을 하기도 했다. "17세기 또는 심지어 18세기에 교육받은 사람들에서, 인류의 과거를 6,000년 훨씬 뒤로 확장시키려는 어떠한 제안도 헛된 것이고 바보 같은 추정이다."

놀랍게도 이런 주장은 현대에까지 명맥을 이어가고 있다. 지금도 교회 주변에서 지구는 6,000년 전에 탄생했다고 주장하는 말을 심심찮게 들을 수 있다.

방사성 연대 측정법이 밝혀낸 지구의 나이

18세기 산업혁명을 거치며 과학이 발달하자 자연히 이에 대한 반론들이 튀어나왔다. 특히 화석과 지질을 연구하는 지질학과 진화론의 발전이 '지구 6천 살' 주장에 강력한 반론을 들고나왔다.

19세기 초 프랑스의 수학자·철학자·진화론의 선구자인 조르주 뷔퐁(1707~88)은 쇠공이 식는 속도에 근거해 지구의 나이가 7만 5,000년이라고 주장했다. 뷔퐁의 지구 나이 측정 실험은 성경 구절과는 상관없이 실제 측정치를 가정하여 지구의 나이를 측정한 매우 과학적인 시도였다. 현재 측정치인 46억 년에는 한참 미치지 못한 결과지만, 성경에서 추정한 값의 10배가 넘는 값이었다. 이는 이후 18세기 후반으로 넘어가 신학과 과학의 직접적인 갈등으로 이어지게 되었다.

뷔퐁의 뒤를 이어 지질학자 졸리는 해마다 바다에 흘러드는 소금의 양과 현재의 바다 소금 농도를 계산한 끝에 지구의 나이를 9,000만 년으로 계산했으며, 영국 물리학자 켈빈(1824~1907)은 지구가 식는 속도를 계산해 지구 나이를 2,000만 년에서 4억 년 사이로 추정했다.

20세기에 들어 방사성 동위원소를 이용한 연대 측정법이 등장하면서 지구의 나이는 급격히 늘어나기 시작했다. 방사성 원소의 불안정한 원자핵이 안정한 상태의 원자핵으로 바뀌는 현상을 방사성 붕괴라 하고, 자연 상태에서 일정 시간이 지나면 그 양이 원래 원자의 개수에서 절반으로 줄어드는 시간을 반감기라 한다. 각 원소의 반감기는 며칠에서 수십억 년에 걸쳐 다양하게 존재한다. 이 같은 방사성 동위원소의 고유한 반감기를 이용해 연대를 계산하는 것을 방사성 연대 측정법이라 한다.

1956년 미국의 클레어 패터슨은 '운석은 태양계 형성의 뒤에 남은 찌꺼기이며, 운석의 나이를 측정함으로써 지구의 나이를 밝힐 수 있다'고 추측하고, 미국 애리조나 주의 베린저 운석충

달의 지평선 위로 떠오르는 지구. 2015년 나사의 달 정찰궤도선(LRO)이 달 궤도에서 찍은 '블루마블'. 아프리카 대륙과 남미대륙이 보인다. (출처/NASA)

돌구를 만든 캐니언 디아블로 운석으로 실험했다. 그는 운석 파편의 납 연대 측정으로 태양계의 운석과 지구가 약 46억 년 전에 함께 만들어진 것임을 증명해 세상을 놀라게 했다.

패터슨이 측정한 지구의 나이는 45.4(±0.7)억 년이었고, 이는 2014년 현재 오차의 범위가 약 2,000만 년 작아져 45.4(±0.5)억 년이 되었지만, 이 숫자는 지금도 변하지 않고 있다.

이후 중국과 남극 등지에서 발굴된 암석이 38억 년, 39억 년 전의 것으로

측정되었고, 지구에서 가장 오래된 것으로 알려진 캐나다의 편마암은 39억 6,200만 년 전의 것으로 측정되었다.

지구의 생성 시기는 태양계가 형성되던 시점과 때를 같이한다. 현재 가장 널리 받아들여지는 지구 나이는 45억 6,700만 년이다. 인류가 우리 행성 지구의 정확한 나이를 안 것은 반세기 남짓밖에 안 되었다는 얘기다. 핵우주 연대학에 따르면, 정확한 태양계 나이는 45억 6,720만 년이다.

달에서 지구는 어떻게 보일까?

'지구돋이' 사진의 진실

최초의 지구돋이(Earthrise) 사진은 나사의 유인 달 탐사 우주선 아폴로의 우주비행사 윌리엄 앤더스가 1968년 12월 24일 크리스마스이브에 찍은 것이다. 아폴로 8호는 당시 달을 10바퀴 돌면서 촬영한 달의 사진을 지구로 전송하고 TV로 생중계한 뒤 귀환해 태평양 바다 위에 무사히 착수했다.

인류가 우주에서 본 지구 모습을 최초로 담은 이 사진은 엄청난 반향을 불러일으켰다. 저명한 자연 사진작가 갤런 로웰은 "이제까지의 사진들 중 가장 영향력 있는 작품이다"라고 평가했으며, 가장 아름다운 천체 사진으로 꼽혀 지구 환경 지키기 운동을 촉발하기도 했다.

아폴로 8호는 달 표면에 착륙하지는 않았다. 이 사진은 앤더스가 달 궤도에서 찍은 것으로, 마치 지구가 달이나 해처럼 공중으로 떠오르는 것처럼 보여 '지구돋이'라는 이름이 붙었지만, 사실 과학적으로 틀린 표현이다.

1968년 12월 24일 아폴로 8호 승무원 앤더스가 달 궤도에서 찍은 사진 (출처/NASA)

달은 지구의 중력에 꽉 잡힌 상태이기 때문에 자전과 공전 주기가 27.3일로 같다. 이를 동주기 자전이라 한다. 따라서 지구에서는 달의 한쪽 면밖에 볼 수 없기 때문에 달에서 볼 때 지구는 하늘의 한 곳에 붙박혀서 움직이지 않는다. 다시 말해 달에서는 지구가 뜨거나 지지 않는다는 의미다. '지구돋이' 사진은 달 궤도를 도는 우주선에서 촬영했기 때문에 마치 지구가 달의 지평선 너머로 뜨는 것처럼 보이는 착시효과가 나타난 것이다.

우주인들의 '창세기' 낭독

앞의 '지구돋이' 사진에서는 지구가 햇빛을 받는 부분만 나타나 마치 상현달 같은 모양을 하고 있다. 이 사진을 찍을 때 승무원들이 나눈 대화는 다음과 같다.

> 앤더스 : 오 마이 갓! 저기 있는 광경 좀 봐! 지구가 떠오르고 있어. 와우, 예쁘다.
> 보먼(선장) : 찍지 말라구. 작업 목록에 없는 거야. (농담)
> 앤더스 : (웃음) 컬러 필름 있어, 짐? 컬러 롤 빨리 좀 줘봐.
> 러벨 : 오, 그게 좋겠군!

아폴로 승무원들은 이 사진을 찍기 전 달 궤도를 돌면서 '창세기'를 낭독했다. 이는 TV로 생중계되어 세계를 놀라게 했으며, 최고의 시청률을 기록했다. 그들은 다음과 같은 멘트를 한 후 세 승무원들이 '창세기' 1장 1절에서 10절까지를 나누어 읽었다.

50년 전 달을 탐사했던 아폴로 8호가 지구를 찍었던 사진에 나타난 달 표면 충돌구 2곳에 '앤더스의 지구돋이'와 '8호 집으로'라는 기념 명칭이 부여됐다. (출처/NASA/IAU)

"우리는 곧 달에서의 일출을 곧 보게 될 것입니다. 그리고 지구에 있는 모든 인류들에게 아폴로 8호 승무원들이 전하고 싶은 메시지가 있습니다. 태초에 하나님이 천지를 창조하시니라. 땅이 혼돈하고 공허하며 흑암이 깊음 위에 있고 하나님의 영은 수면 위에 운행하시니라. 하나님이 이르시되 빛이 있으라 하시니 빛이 있었고 빛이 하나님이 보시기에 좋았더라. 하나님이 빛과 어둠을 나누사……." - 윌리엄 앤더스

"하나님이 빛을 낮이라 부르시고 어둠을 밤이라 부르시니라. 저녁이 되고 아침이 되니 이는 첫째 날이니라. 하나님이 이르시되 물 가운데에 궁창이 있어 물과 물로 나뉘라 하시고, 하나님이 궁창을 만드사 궁창 아래의 물과 궁창 위의 물로 나뉘게 하시니 그대로 되니라. 하나님이 궁창을 하늘이라 부르시니라 저녁이 되고 아침이 되니 이는 둘째 날이니라."
- 짐 러벨

"하나님이 이르시되 천하의 물이 한 곳으로 모이고 뭍이 드러나라 하시니 그대로 되니라. 하나님이 뭍을 땅이라 부르시고 모인 물을 바다라 부르시니 하나님이 보시기에 좋았더라." - 프랭크 보먼

달의 '다빈치 글로'를 아시나요?

오른쪽 사진은 스페인의 카나리아 제도에 있는 테네리페 섬 테이데 국립공원에서 찍은 새벽 하늘 풍경으로, 가느다란 호로 빛나는 초승달과 수성의 모습이 포착되어 있다.

지구 행성의 하늘에 있는 태양에서 가장 가까운 행성인 수성이 희붐하게 밝아오는 동녘 하늘에서 아름답게 빛나고 있다. 아침 늦잠형 사람이라면 평생 보기 힘든 행성이 바로 수성이다. 태양에 바짝 붙어 있어 새벽이나 초저녁에 운이 좋아야 잠깐 볼 수 있기 때문이다. 그래서 행성운동 3대법칙을 발견한 요하네스 케플러도 평생 수성을 한 번도 보지 못했다는 말이 전한다. 수성의 바로 위에서 빛나는 별은 황소의 뿔 근처에 있는 3등성 황소자리 제타별이다.

하지만 이 모든 것보다 눈여겨봐야 할 부분은 밝게 빛나는 초승달의 위쪽으로 희미하게 보이는 달의 밤 부분이다. 햇빛을 받지 않은 부분이 어떻게 희미하게 빛날까? 빛의 회절 현상인가 생각할 수도 있지만, 그것은 불가능하다. 수면파나 소리, 라디오 전파와는 달리 빛은 거의 회절하지 않는다. 이는 빛의 파장이 이들에 비해 훨씬 짧기 때문이다. 그렇다면 달의 밤 부분의 희미한 빛의 정체는 무엇일까?

카나리아 제도에 있는 테네리페 섬의 테이데 국립공원에서 찍은 새벽 하늘 풍경. 초승달과 수성이 빛나고 있다. 새벽 하늘을 배경으로 보이는 전경은 테이데 천문대이다. (출처/Gabriel Funes)

이것을 최초로 알아낸 사람은 인류 최고의 IQ로 알려진 르네상스 시대의 만능인 레오나르도 다빈치다. 달의 어두운 부분에서 반사되는 잿빛은 바로 지구의 바다가 반사한 빛을 다시 반사한 것이다. 다빈치는 이 현상을 1500년대 초 기록으로 남겼으며, 지구와 달 둘 다 태양광을 반사하는 존재임을 알게 되었다. 그래서 이 빛을 '다빈치 글로(da Vinci Glow)'라 하며, 천문학 용어로는 지구조(地球照, earthshine)라 한다.

정확히 말하면, 지구조는 달의 밤 반구 면에 지구 바다의 빛이 반사되는 현상으로, 달이 초승달이나 그믐달 위상을 보이는 때를 전후하여 관측 가능하다. 만약 지구조 시기에 달에서 지구를 바라보면, 지구는 '보름지구'에 가까운 모양을 보여줄 것이다. 태양광은 지구에 반사되어 달의 밤 반구로 가서는

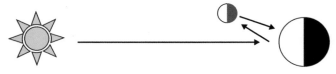

지구조 현상 개념도 (출처/wiki)

다시 반사되어 지구 관측자의 눈에 들어온다. 밤의 반구 부분은 희미하게 빛나는 것으로 보이며, 달의 둥근 원반 모양이 어둡게 보인다.

다빈치는 지동설을 확립한 갈릴레오보다 100년이나 더 전인 천동설 시대에 살았던 사람인데도 이러한 현상을 정확하게 꿰뚫은 것을 보면 과연 인류 최고의 지성이라고 할 만하다. 화가의 눈과 과학자의 마인드가 합작하지 않았다면 결코 알 수 없었을 것이다.

참고로, 레오나르도 다빈치는 2007년 11월 〈네이처〉 지가 선정한 '인류 역사를 바꾼 10인의 천재' 중 가장 창의적인 인물 1위를 차지했다. 2위는 셰익스피어였고, 과학자인 아이작 뉴턴은 간신히 6위를 차지했다. 이밖에 아테나 여신상의 건축가 피디아스, 미국 독립선언문의 주인공 토머스 제퍼슨 대통령이 올랐으며, '천재'와 그 이름이 동격으로 취급되는 아인슈타인은 겨우 10위에 턱걸이했다.

어쨌든 '인류 10대 천재'에서 1위로 선정된 만능인 다빈치는 역사상 가장 창의적인 융합형 인재로 평가된 것이다. 그는 평생 기술과 과학 그리고 예술을 하나로 융합하려는 창의적인 노력을 끊임없이 기울였던 당대의 통섭이었다.

왜 운석이 '우주의 로또 복권'으로 불릴까?

운석에 숨은 태양계 탄생의 비밀

과학자들이 최신 장비들을 동원해 운석들을 찾아나서는 것은, 운석에는 태양계의 탄생과 외계 생명체에 관한 열쇠가 숨어 있기 때문이다. 운석은 태양계 생성의 비밀이 새겨진 '로제타석'이라 할 수 있다.

약 46억 년 전 태양계가 생성되면서 지구도 같이 탄생했는데, 그 무렵 태양과 행성들을 만들고 남은 찌꺼기들이 소행성으로 불리는 우주 암석들로, 이것이 지구 중력에 이끌려 지상으로 낙하하는 것이 바로 운석이다. 따라서 태양계 초기의 신선한 물질을 그대로 간직하고 있어 태양계와 태양, 행성 등의 생성을 연구하는 귀한 재료가 되는 것이다.

고대에는 운석이 종교적 숭배의 대상이 되기도 했다. 고대 그리스 인은 낙하한 운석을 제우스가 지구로 떨어뜨린 것으로 생각했다. 아르테미스 신전은 운석이 떨어진 자리에 세운 것이다.

하지만 운석이 우주에서 떨어진 암석이라는 인식은 꽤 오래전부터 있었다. 동양에서는 "별이 땅에 내려와 돌이 되었다"라는 기록이 있다. 고대 이집트 인들은 철을 '하늘의 선물'이라 했으며, 수메르 인들은 '천상의 금속'이라 불렀는데, 이는 모두 운석을 의미하는 것이다.

하루에 100톤씩 떨어지는 운석

날마다 지구를 찾아오는 '우주 손님', 운석이란 과연 무엇인가? 우리가 흔히 말하는 별똥별, 곧 유성체가 타다 남은 암석이다. 그래서 운석을 별똥돌이라고도 한다.

이런 운석이 매일 평균 100톤, 1년에 4만 톤씩 지구에 떨어지고 있다. 먼지처럼 작은 입자의 우주 물질은 1초당 수만 개씩, 지름 1mm 크기는 30초당 1개씩, 지름 1m 크기는 1년에 한 개 정도씩 지구로 떨어진다. 하지만 그 3분의 2가 바다에 떨어지고, 나머지는 대부분 사람이 살지 않는 지역에 떨어지는 통에 거의 발견되지 않는다.

이런 유성체는 우주 어디에서 오는 것일까? 대부분은 지구에서 약 4억 km 떨어진 화성과 목성 사이에 있는 소행성대에서 온다. 소행성대에는 크기가 트럭만 한 것에서부터 수백km나 되는 거대한 우주 암석들이 빽빽이 모여 있는데, 크기 1km 이상의 소행성이 70만~170만 개가량 있는 것으로 알려졌다.

소행성 충돌 상상도. 지름 10km 소행성이 지구와 충돌하면 인류 대종말을 맞게 된다. (출처/wiki)

그중에서 가장 덩치가 큰 소행성은 1801년에 처음 발견된 세레스로서, 지름이 1,020km다. 그러나 이 모든 소행성을 다 합쳐도 달 질량의 4%에 지나지 않는다.

수많은 소행성은 모두

46억 년 전 태양계가 형성될 때부터 존재해온 물질들이다. 이것들은 잘하면 행성이 될 수도 있었는데, 목성의 조석력이 하도 크다 보니 행성이 채 되기도 전에 바스라져버린 행성 부스러기라 할 수 있다.

러시아 첼랴빈스크를 강타한 거대 운석

행성 간 공간에 혜성이나 소행성이 남긴 파편들이 떠돌아다니다가, 초속 30km의 속도로 태양 주위를 공전하는 지구로 끌려들어오면, 초속 10~70km의 속도로 지구 대기로 진입, 대기와의 마찰로 가열되어 빛나는 유성이 된다.

대부분의 유성체는 작아서 지상 100km 상공에서 모두 타서 사라지지만, 화구(火球, fireball)로 불리는 큰 유성체는 잔해가 땅에 떨어지는데, 이것이 바로 운석이다. 운석이 출발한 곳은 지구 대기권에 불타며 떨어지는 운석의 방향과 각도만 알면 계산해낼 수 있다.

최근 가장 큰 화제가 되었던 운석 사건은 2013년 러시아 첼랴빈스크 지방을 강타한 운석 낙하다. 2월 15일 아침, 우랄 연방관구의 첼랴빈스크 주 상공에서 거대 운석이 큰 폭음과 함께 폭발하는 바람에 그 충격파로 1,200여 명이 부상당하고 이동통신과 전력도 일시 끊긴 것으로 전해졌다. 총 피해액은 한화 약 350억 원으로 알려졌다.

운석의 크기는 직경 17m, 무게 1만 톤으로 추정되며, 대기권 돌입시 추정 속도는 초속 32.5km였고, 돌입 후 30초 동안 태양보다 밝은 불빛을 방출했다. 이 운석 폭발의 위력은 히로시마 원자폭탄의 33배에 달하는 것으로 분석됐다.

시베리아를 초토화한 운석 충돌

드문 예이긴 하지만, 어떨 때는 운석들이 우박처럼 떨어지기도 한다. 그런 사고가 2003년 9월 27일 인도에서 발생했다. 인도 동부 오리사 주의 여러 마을에 그날 저녁 운석이 덮쳐 최소한 20명이 크고 작은 부상을 당했다. 현지 주민들은 갑자기 사방이 대낮처럼 환해지고 창문이 심하게 덜커덕거려 극심한 공포에 휩싸였다고 한다.

2011년 7월 모로코에 총 무게가 6.8kg에 달하는 운석들이 떨어졌는데, 화성에서 온 것으로 밝혀졌다. 그 운석들 중 가장 무거운 것은 0.9kg에 달한다. 나사 박물관, 대학들은 황금의 10배에 달하는 가격을 주고 운석들을 앞다퉈 사들였다. 화성에 생명체가 존재할 가능성을 연구하는 데 중요한 단서가 될 것으로 보기 때문이다. 캐나다 타기시 호수 주변의 한 남성도 85g의 '타기시 운석'을 주워 75만 달러에 팔았다.

현재 지구 표면에 남아 있는 큰 운석 충돌 크레이터의 수는 약 170개 정도로, 이들은 비교적 최근에 형성된 것들이다. 왜냐하면 지구 표면에서는 기상현상과 지질활동 등이 쉼없이 일어나 크레이터의 흔적들을 지워버리기 때문이다.

지구에서 발견된 가장 큰 충돌 크레이터는 남아프리카 공화국에 있는 브레드포트 크레이터로, 지름이 무려 300km다. 가장 오래된 것은 러시아의 수아브야르비 크레이터로 약 24억 년 전의 것으로 추정되고 있다.

최근에 일어난 가장 큰 운석 충돌은 1908년 러시아 시베리아를 강타한 통구스카 충돌이다. 폭이 90m에 달하는 바위가 히로시마 원자폭탄의 300배 힘으로 공중 폭발을 일으켜 역사상 가장 큰 소리를 기록했다.

최근에 일어난 가장 큰 운석 충돌인 1908년 러시아 퉁구스카 대폭발. 이때 파괴된 숲의 면적은 여의도 넓이의 700배에 이를 정도였다. (출처/wiki)

　다행히 운석이 시베리아 북부 벌판에 떨어지는 바람에 인명 피해는 없었지만, 이때 발생한 엄청난 충격파로 인해 서울 면적의 4배에 달하는 약 2,000km²의 숲에서 8천만 그루의 나무들이 모조리 한 방향으로 쓰러지는 진귀한 장면을 연출했다. 충돌 장소로부터 60km 떨어진 지역에서도 귀청이 떨어질 정도의 굉음이 들렸으며, 한 농부가 폭발의 충격파로 공중에 내동댕이쳐졌다고 한다.

운석이 만든 엄청난 다이아몬드 광산

　운석이라고 다 같은 종류는 아니다. 구성성분에 따라 세 종류로 나뉘는데, 전체의 94%를 차지하는 석질 운석은 주로 규산염 광물로, 철질 운석은 철과 니켈의 합금으로, 석철질 운석은 철질 성분과 규산염 성분이 섞여 있는 것이다. 철질 운석과 석철질 운석은 지구 표면에서 발견되는 암석과 구성성분이 크게 달라 쉽게 구별된다.

　그럼 지구상에서 발견된 단일 운석 중 가장 큰 것은 얼마만 한 것일까? 아프리카 나미비아에 있는 호바 운석이 그 주인공이다. 크기가 무려 2.95×2.83m나 되며, 무게는 약 60톤이다. 이 운석이 발견된 것은 1920년이지만, 지구에 떨어진 지는 무려 8만 년이나 된다. 운석의 성분은 철과 니켈 등인데, 철이 84%를 차지한다. 1g당 1,000달러로 계산하면 천문학적인 금액이 나오는 이 운석은 나미비아 국가 기념물로 지정되어 관광 명소가 되고 있다.

　운석 충돌이 한 나라에 거대한 부를 안겨준 희귀한 사례도 있다. 운석 충돌로 인한 고열과 압력으로 엄청난 규모의 다이아몬드가 생성되었다. 그 행운의 나라는 바로 러시아다. 러시아 동부 시베리아에 전 세계 매장량의 10배에 달하는 다이아몬드 수조 캐럿이 매장돼 있다는 사실이 2012년 9월 언론에 보도되었는데, 그 장소가 바로 운석이 충돌한 크레이터라는 것이다. 매장량은 자그마치는 향후 3,000년간 시장에 공급할 수 있는 양이다.

　포피가이 아스트로블럼(Popigai Astroblem)으로 불리는 이 크레이터는 약 100km 크기로, 그간 소행성 충돌로 생긴 많은 다이아몬드가 매장돼 있을 것으로 추정되어왔다. 이곳의 다이아몬드는 일반 보석보다 두 배나 단단해 산업과 과학적 용도로 이상적이라고 한다. 이 포피가이 다이아몬드 광산 개발이 본격화될 경우, 러시아 최대 다이아몬드 노천광산인 시베리아 사하 공화국의 미르니 광산도 '토끼굴' 수준에 불과할 것으로 전망되고 있다.

　현존하는 운석공(운석이 낙하할 때의 충격파로 지표면에 생기는 둥근 구덩이)으로 가장 유명한 것은 미국 애리조나주 캐니언 다이애블로 사막에 있는 베린저 운석공일 것이다. 지름 1,200m의 밥공기 모양을 한 이 운석공의 주벽은 평원보다 39m가 높고, 바닥보다는 175m나 높다. 약 2만 년 전 커다란 철 운석군의 낙하로 만들어진 것으로, 애리조나 운석공이라고도 한다. 이만한 크기의 운석공이 생기려면 약 6만 톤짜리 운석이 낙하했을 것으로 보며, 그 운동에너지는 대략 히로시마 원자폭탄 1만 개와 맞먹는 위력이다.

운석을 분석해본 결과 거의 모든 화학원소가 발견되었고, 나이도 45억 년 이나 되는 것도 있어 복잡한 열적·화학적 변화의 역사를 겪었던 것으로 밝혀졌다.

운석 발견시의 매뉴얼

매일 1백 톤씩 지구에 떨어지는 운석. 생각해보면 이 우주 안에서 100% 안전한 곳은 하나도 없다. 그 확률이 희박할 따름이지, 운석은 지금 이 순간도 내 뒤통수를 후려칠 수 있는 것이다.

실제로 운석에 맞아 다친 사례도 있다. 1954년 11월 30일, 미국 앨라배마주의 실라코가에 사는 앤 호지스라는 이름의 한 주부가 집 안에 있다가 운석에 맞아 엉덩이에 큼직한 멍이 들었다. 19kg짜리의 멜론만 한 운석이 지붕을 뚫고 들어와 먼저 라디오를 박살낸 뒤 소파에 쉬고 있던 부인을 강타했다. 바로 맞았다면 생명을 잃을 수

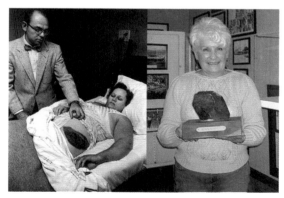

지붕을 뚫고 들어온 운석에 맞은 호지스 부인

도 있었을 것이다.

운석에 맞아 차가 망가진 사례도 있다. 피해자는 미셸 냅이라는 젊은 여성으로, 1992년 창고에서 큰 소리가 나는 것을 듣고 급히 달려가 보니 400달러를 주고 새로 산 자신의 체리색 쉐보레 말리부가 고철이 되어 있었다. 차 옆에 큼직한 돌덩이가 하나 뒹굴고 있었는데, 우주에서 날아온 45억 년 된 12kg짜리 운석이었다. 하지만 그녀는 복권을 맞은 것과 같았다. 부서진 말리부를 1만 달러에, 운석은 6만 9,000달러에 팔게 되었던 것이다.

충돌 운석이 지름 몇 킬로가 되면 지구의 종말을 걱정해야 한다. 우주 바위가 지구 표면까지 도착하려면 적어도 주먹 정도 크기는 되어야 한다. 그보다 작은 것은 대기를 통과하며 다 타버리기 때문이다. 주먹 크기의 바위는 가속도가 너무 낮아 대기를 통과할 때 속도가 시속 160km까지 느려진다.

이처럼 우주에서 날아온 운석이 지붕을 뚫거나 차를 찌그러뜨리는 일들이 심심찮게 일어난다. 하지만 당신이 크게 다치거나 목숨을 잃지만 않는다면, 그건 횡액이 아니라 엄청난 행운이다. 운석이 지붕 수리비나 찻값보다 적어도 10배 이상의 값어치가 나가기 때문이다.

이외에도 운석 충돌 사건이 수도 없이 많지만, 다행히 인명 피해를 낸 적은 없었다. 하지만 1911년 이집트에서 개 한 마리가 재수 없게도 화성 운석에 맞아 죽었다는 기록이 있다. 속된 말 그대로 '개죽음'인 셈이다. 운석에 의해 생명을 잃은 유일한 사례다.

오염되지 않은 희귀 운석은 이처럼 '우주의 로또'가 되기도 한다. 화성에서 온 운석이나 지구 물질에 오염되지 않은 운석 등은 1g당 1,000만 원을 호가한다.

그러므로 운석이 떨어진 걸 발견했을 때 가장 먼저 해야 할 일은 재빨리 비닐장갑을 끼고 나가 먼저 운석을 촬영한 다음 랩으로 밀봉하고 냉동고에 집어넣는 일이다. 지구 물질에 오염되면 가치가 떨어진다. 그리고 SNS에 올리면 각 언론, 연구소, 기관, 대학들에서 연락이 올 것이다.

남극대륙은 운석의 노다지밭

지구에서 회수된 모든 운석의 2/3가 남극에서 나온 것이다. 얼어붙은 대륙의 춥고 건조한 자연은 외계 암석을 보존하는 데 도움이 되며, 암석의 어두운 색상은 얼음과 눈밭에서 눈에 잘 띄어 발견하기가 쉽다.

운석은 그 희귀성으로 인해 어떤 것은 금값의 10배를 호가하기도 해 전 세계적으로 운석 사냥꾼들을 양산시켰다. 우리나라에도 지난 2014년 진주에 운석 4개(모두 37kg)가 떨어져 화제가 된 적이 있다.

운석은 남극대륙에 떨어질 때 보통 대륙의 98%를 점하는 눈 덮인 지역에 착지한다. 시간이 지남에 따라 눈이 쌓이고 압축되어 이윽고 얼음이 되는데, 이 얼음이 대륙의 가장자리를 향해 흐르는 빙상 안에 이 우주 암석을 밀어넣게 된다.

대부분의 얼음에 갇힌 남극 운석은 결국 바다로 가게 되지만, 그 중 일부는 바람이나 기타 원인으로 청빙 지역(blue ice)의 표면에 집중된다. 이 청빙은 쌓인 눈이 압축되어 형성된 빙하가 표면에 노출된 것으로, 햇빛을 받아 푸른빛을 띠는 얼음판이다.

남극의 얼음이 흐르는 방식과 기타 기후나 지형의 영향으로 운석은 청빙 표면에 노출된 채로 남아 있을 수 있으며, 탐색자가 쉽게 발견할 수 있다. 오늘날 알려진 운석의 대부분은 청빙 지역에서 운 좋게 발견된 것이거나, 또는 눈썰매를 이용한 탐색 작업 끝에 찾아낸 것들이다. 이제 과학자들은 인공지능을 기반으로 한 새로운 운석 발견 전략을 개발했다.

남극대륙의 얼음판 위에서 발견된 약 8kg짜리 운석 (출처/Maria Valdes)

벨기에 브뤼셀 자유대학의 빙하학자인 베로니카 톨레나르를 주축으로 하는 연구원들은 인공지능 소프트웨어가 남극대륙 전체 표면의 위성 데이터를 분석하도록 했다. 그들의 목표는 과학자들이 이전에 우주 암석을 발굴한 지역과의 유사성을 기반으로 아직 발견되지 않은 운석이 있을 가능성이 가장 높은 지역을 식별하는 것이었다. 그들은 온도, 기울기 및 얼음 속도와 같은 표면 특징의 광학, 열 및 레이더 데이터에 중점을 두었다.

AI 프로그램은 운석이 풍부한 남극 지역의 83%를 거의 정확하게 식별해냈다. 전체적으로, 현재 미개척지를 포함하여 대륙에서 잠재적으로 운석이 풍부한 지역을 600개소 이상 확인했으며, 그 중 다수는 남극대륙의 기존 연구기지와 비교적 지리적으로 가까운 지역들이다.

남극에서 현재까지 회수된 4만 5,000개 이상의 운석이 남극 전체 운석의 5~13%에 불과한 것으로 밝혀졌으며, 30만 개 이상의 운석이 여전히 빙상 표면에 있을 것으로 추정되고 있다.

한반도의 소행성 충돌… 합천 운석충돌구

대략 5만 년 전 빙하기가 끝나갈 무렵의 어느 날, 경남 합천 지역에 살던 한반도의 구석기인들은 하늘에서 거대한 불기둥이 무서운 속도로 떨어지는 장면을 목격했을 것이다. 다음 순간, 지름 200m나 되는 거대한 소행성이 지표면과 충돌했을 것이다.

지름 200m 크기라면 잠실야구장의 스탠드까지 포함한 크기 정도 된다. 그런 끔찍한 크기의 소행성이 지구 대기를 뚫고 하늘에서 나타나 초속 25km로 합천 지역을 강타했다는 말이다.

어마무시한 굉음과 함께 땅은 순식간에 불구덩이가 됐을 테고, 하늘은 잿빛 먼지구름으로 뒤덮여 캄캄해졌을 것이다. 구석기인들은 인간이 죄를 많이 지어 지구 최후의 날이 왔다고 생각했을지도 모른다.

남한 땅에 이런 거대한 운석 충돌구가 있다는 사실을 알고 있는 이가 많지 않은 듯하다. 유명한 미국 애리조나 주의 지름 1.2km 베린저 운석공보다 무려 5배 이상 큰 운석 충돌 크레이터로, 합천의 초계분지가 거대한 운석 충돌로 만들어진 크레이터임이 밝혀졌다.

동서 길이 8km, 남북 길이 5km의 타원형 분지인 초계분지는 약 5만 년 전 한반도에서 최초로 운석 충돌 사건에 의해 만들어진 분지임이 지난

경남 합천 대암산 활공장에서 내려다본 초계분지 전경. 동서 길이 8km, 남북 길이 5km의 타원형으로, 지름 약 200m의 소행성 충돌로 만들어진 크레이터로 확인되었다. (출처/합천군)

2020년 12월 한국지질자원연구원에 의해 확인되었으며, 이 같은 사실이 국제 학술지 〈곤드와나 리서치〉에 공식 발표되었다.

초계분지는 전체적으로 북쪽에는 단봉산 등의 150~200m 안팎의 구릉성 산지가 발달되어 있고, 남쪽은 북쪽보다 상대적으로 높은 대암산(591m) 등, 500~600m 이상의 비교적 높은 산지가 발달되어 있다. 초계분지 내부를 흐르는 소하천 8개 지류는 전부 북쪽으로 모여들어 황강으로 배수되는 폐쇄형 분지를 이룬다.

국내에서는 그동안 운석 충돌의 흔적은 여러 차례 발견됐지만 직접적인 증거를 찾지 못했으나, 연구센터는 합천 운석충돌구가 운석 충돌에 의해 생겼다는 직접 증거를 2가지 발표했다.

하나는 지하 130m 깊이 셰일층에 충격파가 형성한 원뿔형 암석 구조로, 이것이 운석 충돌의 대표적인 거시적 증거로 꼽힌다. 다른 하나는 석영 광

미국 애리조나 주의 지름 1.2km 베린저 운석공

물 입자가 충격파로 녹았다 다시 굳는 과정에서 형성된 평면변형 구조로, 충돌 밑바닥에 해당하는 142m 깊이에서 발견됐다. 이런 변형은 15~35만 기압의 고압과 2,000도 이상의 고온 상태에서 일어난다고 연구자들은 밝혔다. 또한 분지 중심부의 중력이 낮게 측정되는데, 이것도 운석 충돌에 의해 기반암이 파쇄되었기 때문으로 추정된다.

합천 운석충돌구는 동아시아에서는 중국 랴오닝성의 슈옌(岫岩)에 이어 두 번째 발견된 운석충돌구로, 히로시마 원폭의 9만 배 파괴력을 가진 운석의 충돌로 만들어진 것으로 추정된다. 슈옌 운석구가 지름 1.5km 정도인 것에 견줘 초계분지는 동서 약 8km, 남북 약 5km로 몇 배 더 크다.

충돌 이후로도 운석구는 수만 년 동안 호수 형태로 남았다. 그러다 어느 시점에 물길이 열리며 담수가 모두 빠져나가고 지금과 같은 분지가 됐다.

이 같은 운석은 소행성이 지구 대기로 낙하하면서 만든 것으로, 지름 1km의 소행성이 지구와 충돌할 확률은 50만 년에 한 번 꼴이며, 지름 5km짜리의 제법 큰 충돌은 대략 1천만 년에 한 번, 지름 10km 이상의 초거대 충돌은 5천만 년에 한 번 꼴로 일어난다.

　　지름 50m 이상의 물체가 지구와 충돌할 가능성은 1,000년에 한 번쯤 되는데, 1908년의 퉁구스카 폭발 사건 때와 비슷한 크기의 폭발을 일으킨다. 이때 파괴된 숲의 면적은 여의도 넓이의 700배에 이른다. 가장 최근에 일어난 초거대 충돌은 6,600만 년 전 멕시코 유카탄 반도에 떨어져 백악기 제3기 대멸종을 일으킨 칙술루브 충돌구 운석으로, 운석 지름이 약 10km, 충돌구 지름은 180km에 이른다. 이때 지구상의 모든 공룡이 멸종되었다.

태양의 종말 후에도 지구는 살아남을까?

수성, 금성은 확실히 끝나고, 지구는?

존재하는 모든 것에는 종말이 있다. 별 역시 인간처럼 생로병사의 길을 걷는 존재인 만큼 언젠가는 종말을 맞는다. 태양도 예외는 아니다. 약 46억 년 전에 태어난 태양은 별의 일생으로 치자면 그 중간 지점에 와 있다. 태양은 앞으로 약 50억 년 정도 지금과 같은 모습으로 활동할 것으로 보인다. 이것은 태양에 남아 있는 수소의 양으로 계산한 결과다. 태양이 종말을 맞는다면 과연 지구와 태양계는 살아남을 수 있을까?

문제는 태양의 죽음 이전부터 시작된다. 우리가 가장 먼저 직면해야 하는 것은 노년의 태양 자체다. 수소 융합이 태양 내부에서 계속됨에 따라 그 반응의 결과인 헬륨이 중심부에 축적된다. 폐기물이 주위에 쌓이면 태양의 수소 핵융합이 더 어려워진다. 그러나 아래로 내리누르는 태양 대기의 압력은 여전하므로 균형을 유지하기 위해 태양은 핵융합 반응 온도를 더욱 높여야 하며, 이러한 상황이 아이러니하게도 태양 중심부를 더욱 가열시킨다. 이는 태양이 늙어감에 따라 더욱 뜨겁고 밝은 별로 진화한다는 뜻이다. 수억 년 동안 번창하다가 6,600만 년 전에 멸종한 공룡은 오늘날 우리가 보는 것보다 더 어두운 태양 아래 살았을 것이다.

갈수록 뜨거워지는 태양

태양은 10억 년마다 밝기가 10%씩 증가하는데, 이는 곧 지구가 그만큼 더 많은 열을 받는다는 것을 뜻한다. 따라서 10억 년 후면 극지의 빙관이 사라지고, 바닷물은 증발하기 시작하여, 다시 10억 년이 지나면 완전히 바닥을 드러낼 것이다.

지표를 떠난 물이 대기 중에 수증기 상태로 있으면서 강력한 온실가스 역할을 함에 따라 지구의 온도는 급속이 올라가고, 바다는 더욱 빨리 증발되는 악순환의 고리를 만들게 된다. 그리하여 마침내 지표에는 물이 자취를 감추고 지구는 숯덩이처럼 그을어진다. 35억 년 뒤 지구는 이산화탄소 대기에 갇힌 금성 같은 염열지옥이 될 것이다.

수소 융합의 마지막 단계에서 태양은 부풀어오르기 시작해 이윽고 적색거성으로 진화할 것이며, 그때쯤이면 수성과 금성은 확실히 태양에 잡아먹힐 것이다. 그렇다면 지구의 운명은 어떻게 될까? 그것은 태양이 얼마나 팽창할 것인가에 달려 있다. 만약 태양이 지구 궤도까지 팽창해 뜨거운 태양 대기가 지구를 덮친다면 지구는 하루 안에 녹고 말 것이다.

다른 경우, 예컨대 태양의 팽창이 금성 궤도쯤에서 멈춘다 하더라도 지구는 온전할 수가 없다. 태양에서 방출되는 고에너지는 지구 암석을 증발시킬 만큼 강력하므로, 지구는 밀도가 높은 철핵만 남게 될 것이다.

외부 행성들이라 해도 이 재앙을 피해가기는 어렵다. 태양의 증가된 복사는 얼음 알갱이들로 이루어진 토성의 고리를 파괴할 것이며, 목성의 유로파, 엔셀라두스 등의 위성들도 얼음 표층을 잃어버릴 것이다.

증가된 복사열이 외부 행성들을 덮칠 때 가장 먼저 일어나는 사건은 지구

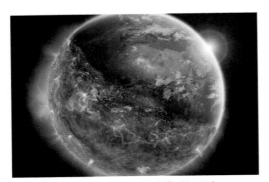
파괴되는 지구의 가상 그래픽 이미지 (출처/NASA)

대기만큼이나 연약한 외부 행성 대기를 남김없이 벗겨버리는 것이다. 그러나 태양이 계속 팽창하면 태양 대기의 바깥 갈래들 중 일부는 중력 깔때기를 통해 거대 외부 행성으로 돌입할 수 있으며, 그에 따라 외부 행성들은 이전보다 훨씬 더 큰 덩치의 행성으로 변할 것이다.

그러나 태양이 아직 진정한 종말을 맞은 것은 아니다. 최종 단계에서 태양은 반복적으로 팽창-수축을 거듭하여 수백만 년 동안 맥동 상태를 이어갈 것이다. 중력적인 측면에서 본다면 이는 안정적인 상황이 아니다. 격동하는 태양은 외부 행성에 대해 이상한 방향으로 밀당을 계속하다가 치명적인 포옹으로 끌어들이거나 아니면 태양계에서 완전히 축출해버릴 것이다.

수조 년 식어가는 백색왜성

그러나 나쁜 일만 있는 것은 아니다. 우리 태양계의 가장 바깥쪽 부분은 수억 년 동안 지금의 지구처럼 따뜻한 곳이 된다. 적색거성으로 진화한 태양에서 쏟아지는 열과 복사량이 많아짐에 따라 태양계에서 거주 가능 구역, 곧 물이 액체로 존재할 수 있는 골디락스 존이 바깥으로 이동하게 된 것이다.

위에서 보았듯이, 처음에는 외부 행성의 위성들이 얼음 껍질을 잃어버리면 일시적으로 표면에 액체 바다가 형성될 수 있다. 또한 명왕성을 비롯한 왜 소행성들과 카이퍼 벨트의 천체들도 결국 얼음을 잃게 될 것이다. 가장 큰 변화는 이 모든 것들이 뭉쳐져 멀리서 적색거성 태양의 둘레를 도는 미니 지구가 될 것이란 점이다.

78억 년 뒤 태양은 초거성이 되고 계속 팽창하다가 이윽고 외층을 우주공간으로 날려버리고는 행성상 성운이 된다. 거대한 먼지고리는 명왕성 궤도에까지 이를 것이다.

한편, 외층이 탈출한 뒤에는 극도로 뜨거운 중심핵이 남는다. 이 중심핵의 크기는 지구와 거의 비슷하지만, 질량은 태양의 절반이나 될 것이다. 이것이 수십억 년에 걸쳐 어두워지면서 고밀도의 백색왜성이 되어 홀로 태양계에 남겨지게 될 것이다.

이 백색왜성은 처음에는 엄청나게 뜨거워서 우리가 알고 있는 생명체에 잔인한 피해를 줄 수 있는 X선 방사선을 발산한다. 그러나 차츰 냉각되어 10억 년 이내에 안정된 온도까지 떨어지고 수조에서 수십조 년까지 존재할 것이다.

백색왜성 주변에는 새로운 거주 가능 구역이 형성되겠지만, 낮은 온도로 인해 수성 궤도보다 훨씬 가까운 거리가 될 것이다. 그 거리는 행성이 모항성의 기조력에 극히 취약한 범위 내인 만큼 백색왜성의 중력이 행성을 찢어버릴 수도 있다.

이상이 태양의 종말 이후 우리가 얻을 수 있는 최선의 과학적 예측이다.

화성은 과연 인류의 제2 고향이 될 수 있을까?

화성 프로젝트의 최대 목표는?

2021년은 인류의 우주 개척사에서 신기원을 연 해로 기록되었다. 그해 2월 초순과 중순에 걸쳐 무려 3대의 우주선이 화성 궤도에 잇달아 진입함으로써 인류에게 '화성 시대'가 활짝 열렸음을 선언했다.

가장 먼저 화성 궤도 진입에 성공한 우주선은 2월 10일 아랍에미리트의 아말(아랍어로 '희망'의 뜻)로, 이로써 UAE는 세계에서 미국과 구소련, 유럽우주국(ESA), 인도에 이어 5번째로 화성 궤도 진입에 성공한 국가가 되었다. 하루 뒤에는 중국의 톈원(天問) 1호가, 그리고 일주일 뒤에는 미국의 퍼서비어런스가 줄줄이 화성 궤도에 진입했다. 이제껏 화성 궤도가 우주선으로 이처럼 붐빈 것은 유례가 없던 일이다.

그렇다면 왜 그렇게 다들 약속이나 한 듯이 한꺼번에 화성으로 달려간 것일까? 그것은 바로 '가성비' 때문이다. 태양을 중심으로 지구 바깥쪽에 있는 화성은 공전주기가 지구의 약 2배로, 지구와 가까울 때는 5,600만km, 멀 때는 4억km를 넘어선다. 두 행성이 가장 가까이 만나는 '골든 타임'은 26개월마다 돌아온다. 이때를 일컬어 '화성의 창'이 열렸다고 말하며, 이때 출발해야 6~7개월 이내에 화성에 도착할 수 있는데, 그것이 2020년 7월께였던 것이다.

지구상에서 미국과 패권경쟁을 벌이고 있는 중국이 2021년 5월 15일 첫 탐사 로버인 텐원 1호가 화성 착륙에 성공하여 미국과 러시아에 이어 세계에서 3번째로 화성

인류의 화성 정착촌 상상도. 스웨덴의 개념화가 빌 에릭슨이 화성이 인류에 의해 개척되어 제2의 고향이 된 모습을 묘사한 그림이다.

착륙에 성공한 국가가 되어 명실공히 우주강국 반열에 올랐다.

지금까지 화성 표면에 내려앉은 탐사 로봇만 하더라도 10여 기가 훌쩍 넘는다. 세계는 왜 이처럼 화성 탐사에 열을 올리는 걸까? 그것은 태양계 내에서 인류가 개척할 수 있는 천체로 화성이 가장 유력하기 때문이다. 지구처럼 암석형 행성인 화성은 바로 이웃 행성인데다, 자전축 기울기가 25.2도로 지구의 23.5도와 비슷해 지구처럼 사계절이 있다.

화성의 1년 길이, 곧 공전주기는 687일이며, 화성의 태양일(sol)은 지구보다 약간 길어서 24시간 40분이다. 이처럼 화성은 여러모로 지구와 많이 닮았지만, 지름이 지구의 반 남짓해서 중력이 지구의 40%밖에 안 된다. 화성 지표에 물이 없이 건조하고 대기 밀도가 지구의 100분의 1에 불과한 것은 대체로 약한 중력 때문이다.

그럼에도 불구하고 화성에 대한 인류의 관심은 고대로부터 현대에까지 변함없이 이어지고 있다. 1960년대에 인류가 처음 우주공간으로 진출했을 때,

적어도 21세기까지는 화성에 인류가 도착할 수 있을 것이며, 어쩌면 화성을 식민화할 수도 있을 것이라고 생각했었다.

20세기 초에는 화성에 지성체가 살고 있다는 믿음이 광범하게 퍼져 화성인 색출작업이 활발히 이루어졌으며, 그 열풍이 허망하게 스러지자 이번에는 미생물이 살고 있을 거라고 믿는 일군의 과학자들이 화성 미생물 찾기에 경쟁적으로 뛰어들었다. 그 열기는 아직까지 이어져, 현재 화성 프로젝트의 최대 목표가 화성 미생물 찾기라 할 수 있다.

인간은 '다행성 종족'이 될 수 있을까?

지금의 화성은 모래먼지 날리는 건조한 행성이지만, 45억 년 전 화성은 지구 대서양의 절반 정도 수량으로 화성 지표를 약 100~1,500m 깊이로 뒤덮은 바다가 존재했었다고 과학자들은 믿고 있다. 화성 바다의 물은 거의 우주로 증발했지만, 아직도 화성 지각 아래에는 다량의 물이 있을 것으로 예측되고 있다.

최근의 연구에 따르면, 한때 화성이 가졌던 물의 대부분이 화성의 지표 아래 있는 암석 결정 구조의 지각 속에 갇혀 있을 가능성이 높다는 사실을 발견했다. 물이 있는 지구상의 거의 모든 곳에 생명체가 존재하듯이 화성의 바다는 한때 생명체의 고향이었으며, 그중 일부는 여전히 살아 있을 가능성을 제기한다.

과연 화성에 생명체가 존재했거나 존재하고 있을까? 이것이 화성 탐사에서 최대의 화두이다. 미국의 화성 탐사 로버 퍼서비어런스가 예제로 크레이터에 착륙한 것 역시 화성 생명체 탐사가 주목표이기 때문이다. 예제로 크레이터는 약 35억 년 전에는 거대한 호수와 삼각주가 있었던 지역으로 추정된다. 지구의 생명체가 물을 기반으로 하고 있는 것처럼 화성의 고대 생명체 역시 물이 존재하는 고대 삼각주에 존재했을 가능성이 큰 것으로 보인다.

새로 작성된 화성의 대기권-지표 지도를 분석해본 결과, 45억 년 과거 '붉은 행성'의 지표 20%가 바다로 덮여 있었지만, 오래전 모두 우주로 증발되고 말았다는 연구 결과가 나왔다.

이번 퍼서비어런스 미션은 화성 생명체 존재 여부에 확실한 결론을 내릴 것으로 과학자들은 보고 있다. 만약 이번 탐사에서 화성의 고대 생명체 흔적을 발견한다면 이는 인류의 우주 개척사에서 최대의 뉴스가 될 것이다.

퍼서비어런스에는 인간의 화성 착륙을 염두에 둔 실험장비도 탑재되어 있다. 화성 대기의 이산화탄소를 산소로 바꿔 호흡이나 로켓 추진의 산화제로 사용할 수 있는지를 확인하기 위한 것이다. 만약 실험에 성공하면 굳이 지구에서 산소를 가져가지 않아도 되는 만큼 화성 개척에 중요한 진전이 이뤄질 것이다.

이 같은 여러 측면에서 이번 퍼서비어런스 미션은 인류의 우주탐사 역사에서 중요한 변곡점을 이룰 것으로 평가된다. 지금까지는 우주탐사가 있는 그대로의 자연계 탐구에 집중된 데 비해 이번 임무는 인간 정착을 위해 자연계 변화를 시도하는 것이기 때문이다. 화성을 인류가 생존하기 적합한 공간으로 만드는 작업을 화성의 테라포밍(Terraforming of Mars)이라 하는데, 이번 퍼서비어런스 미션은 진정한 의미에서 화성 테라포밍의 첫걸음을 떼는 것이라고 볼 수 있다.

어쨌든 화성에 대한 인류의 관심은 갈수록 뜨거워지고 있으며, 우주 개발업체 스페이스X사를 이끄는 일론 머스크는 "인간을 다행성 종족(multi-planetary species)으로 만들겠다"고 선언하고, 2024년까지 화성에 지구인 정착촌을 세운다는 당찬 야심을 공표한 바 있다. 이 회사는 최근 야심차게 발표했던 우주여행선 '스타십(Starship)'의 시제기를 2025년 안에 발사대에 올릴 계획이다.

나사 역시 2035년까지 화성에 사람을 보낼 계획으로 2022년 아르테미스 1호가 달 궤도에 무인 우주선을 보냈고, 2025년엔 유인 우주선 발사를 계획하고 있다. 2030년쯤에 본격적인 화성 탐사에 투입할 예정이다. 이처럼 인류의 화성 정착촌은 이제 공상을 넘어 현실로 성큼 다가선 단계이며, 머지않아 우리는 화성과 지구 행성을 오가는 우주선 행렬들을 보게 될지도 모른다.

과연 화성에 생명체가 살고 있거나 과거 한때 살았을까? 이는 아직까지 결론이 나지 않고 있지만, 화성을 제2의 지구로 만들고자 하는 인류가 최우선으로 해결해야 할 문제로 누군가 화성 생명체를 발견한다면 인류 과학사 최대의 발견이 될 것은 분명하다. 반대로 그 부재가 증명되더라도 마찬가지로 어느 쪽이든 인류의 지성사에 지대한 영향을 미칠 것이다.

우리가 지구에서 살 수 있는 6가지 이유

첫째, 지구는 골디락스 존 안에 있다

요즘 뉴스에서 '슈퍼 지구' 또는 제2 지구란 말을 심심찮게 들을 수 있다. 이는 암석으로 된 지구형 행성 중에서도 지구보다 질량이 2~10배 정도 큰 천체를 일컫는 말로, 요컨대 생명체가 존재할 가능성이 있다고 보는 행성을 가리킨다.

슈퍼 지구는 중력이 강해 대기가 안정적이며, 화산 폭발 등의 지각운동이 활발해 생명체가 탄생하기에 유리한 조건을 갖고 있다고 정의되는 행성 또는 위성이다.

최근 호주국립대학(ANU)의 과학자들은 우리은하는 약 1천억 개의 별을 갖고 있는데, 한 별당 평균 두 개의 슈퍼 지구가 있다고 볼 때 그 수는 무려 2천억 개나 된다는 계산서를 발표했다.

연구진은 한 항성당 평균 3개의 행성을 가지고 있다는 사실을 확인한 케플러 우주망원경의 데이터에서 보여주는

1998년 소행성 에로스로 향하던 나사 니어 탐사선이 지구로부터 40만km 거리의 심우주에서 본 지구와 달의 모습 (출처/NASA)

복수 행성계에 주목했다. 케플러 망원경이 발견한 복수 행성계 151개 중에서 228개의 행성에 대해 조사한 결과, 한 항성당 평균 두 개의 행성이 생명 서식 가능 구역에 위치한다는 결론에 다다랐다.

이 구역을 흔히 골디락스 존이라 하는데, 모항성으로부터 적당한 거리에 있어 물이 액체 상태로 존재할 수 있는 '생명 서식 가능 구역'을 뜻한다.

원래 골디락스란 영국의 전래동화 '골디락스와 세 마리 곰'에 나오는 금발 머리의 소녀 이름으로, 골디락스가 어느 날 숲속에서 길을 잃고 헤매다 곰들이 외출한 오두막을 발견하고, 마침 '뜨겁지도 차갑지도' 않은 수프를 먹을 수 있어 살아날 수 있었다는 이야기에서 유래한 용어이다.

우리 태양계의 경우 골디락스 존은 0.95에서 1.15천문단위(1AU, 지구-태양 간 거리) 범위다. 그러니까 우리가 사는 지구 행성이 바로 골디락스 존에 위치하고 있는 '골디락스 행성(Goldilocks planet)'인 것이다.

이것이 우리가 지구에서 살 수 있는 첫 번째 이유다.

둘째, 지구의 대기

46억 년 전 태양계가 만들어질 무렵 원시지구는 '소행성 폭격시대'라는 것을 겪었다. 무수한 미행성, 소행성들이 지구를 난타했던 시대다. 그 충돌 에너지로 지구는 마치 곤죽처럼 되어 마그마의 바다로 변했고, 철과 같은 무거운 원소들은 지구 중심부로 낙하해서 중심핵을 만들었다.

소행성 충돌에서 방출되는 에너지의 크기는 상상을 초월하여, 미행성이 가지고 있는 휘발성 성분들을 순식간에 증발시켜버린다. 미행성의 일부는 암석 성분으로 이루어져 있었는데, 암석 속에는 물 분자와 탄산 분자가 포함되어 있었다. 미행성의 암석 성분에 이러한 분자들이 포함되어 있다는 것은 이들의 파편이라고 할 수 있는 운석에서도 발견되면서 사실로 증명되었다.

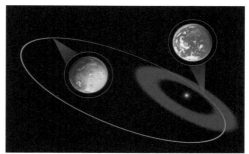

모항성으로부터 적당한 거리에서 공전하여 물이 액체 상태로 존재할 수 있는 구역을 골디락스 존이라 한다. (출처/NASA)

이 물 분자와 탄산 분자가 엄청난 에너지에 의해 순식간에 증발함으로써 생긴 수증기와 이산화탄소가 지구 중력에 의해 갇히면서 지구의 상층부를 채우게 되었고, 이것이 바로 원시지구의 대기를 만든 것이다. 다른 행성과 달리 지구에 형성된 이 대기층은 지

달과 지구의 대기. 지구의 코트 역할을 하는 대기는 의외로 아주 얇다. (출처/NASA)

구가 특별한 행성으로 자라는 데 결정적인 역할을 한다.

소행성 충돌은 지구에 또다른 변화를 가져다주었는데, 바로 지구의 몸집을 크게 불려주어 대기를 잡아둘 만큼 강한 중력을 갖게 되었다는 점이다. 지구 지름의 반 남짓한 화성은 질량이 지구의 10분의 1밖에 안 된다. 그 결과 화성의 중력은 지구의 37%에 지나지 않는다. 따라서 화성의 대기는 지구의 대기 밀도와 비교하면 1/100 정도로 매우 낮다. 이 정도 대기압이라면 대기와 물이 우주로 탈출하는 것을 잡을 수가 없다.

다행히 지구는 적당한 덩치로 인해 대기를 유지함으로써 온실효과를 일으켜, 대기가 없는 달보다 평균 온도가 30도 가량 높게 유지될 수 있게 해준다. 또한 대기 중에 산소가 많아지면서 오존층이 형성되었으며, 이 오존층이 자외선을 차단해줌으로써 생물체의 수가 폭발적으로 증가했다.

이것이 우리가 지구에서 살 수 있는 두 번째 이유다.

셋째, 지구의 바다

지구상의 모든 육지들은 다 바다로 둘러싸여 있다. 바다가 지표 면적의 71%를 뒤덮고 있기 때문이다. 말하자면 지구는 거대한 소금물로 뒤덮인 '물의 행성'인 것이다. 이것이 지구라는 행성의 가장 큰 특징이다.

지구 행성의 지표 면적의 3분의 2이상을 뒤덮고 있는 바다는 수백만 종에 이르는 지구상의 생명들을 빚어냈고, 오늘날에도 뭇생명들은 물에 의지해 생을 영위해나가고 있다. 우리 몸 역시 70%가 물로 이루어져 있다. 물을 마시지 않고는 단 며칠도 버틸 수 없다.

이처럼 바다는 지구상의 모든 생명을 보듬고 있는 어머니 같은 존재다. 지구가 푸른 행성으로 불리는 것도 바다 때문이다. 하지만 지금까지 우리는 지구상에 언제 물이 생겨났는지, 어떻게 바다가 만들어졌는지에 대해 아는 것이 별로 없다.

사실 지구의 바다는 최대 미스터리 중 하나이다. 과연 지구의 바다는 어디서 온 것일까? 바다의 기원을 추적하는 과학이 최근에야 지구내부설, 소행성설, 혜성설 등의 가설 중에서 대체적인 결론을 내리기에 이르렀다. 물은 지구 내부에서 나온 것이거나 혜성이 가져온 게 아니라 소행성들이 가져왔으며,

그 시기는 지구에 막 암석층이 형성될 무렵이었다고 과학자들은 믿고 있다.

물 분자들은 태양과 그 행성들을 만든 가스와 먼지 원반에 포함된 물질이었다. 그러나 38억 년 전의 원시 지구는 행성 형성 초기의 뜨거운 열기로 인해 바위들이 녹아버린 상태여서 물이 존재할 수가 없었다. 지구의 모든 수분은 증발하여 우주로 달아나고 말았던 것이다.

이후 엄청나게 큰 소행성과 혜성

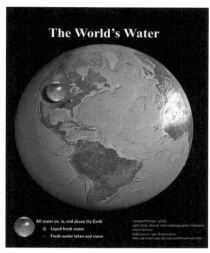

지구 표면의 3분의 2를 덮고 있는 바닷물을 모아 물공을 만든다면 지름이 겨우 1,400km로, 지구 지름 12,800km의 10분의 1보다 조금 큰 정도다. (출처/NASA)

들이 수없이 지구로 쏟아져 들어오는 '소행성 포격시대'라는 격변의 시기를 겪었다. 이때 얼음과 가스 덩어리로 이루어진 소행성들이 가져온 물이 지구의 바다를 이루게 되었다고 과학자들은 보고 있다.

또한 원시 바다의 해저에서는 지금의 열수 분출공과 같은 곳이 다수 존재했다. 최초의 생명은 약 36억 년 전, 열수의 고에너지 하에서 화학반응을 이용하는 특수한 유기물들이 생겨나 진화하면서 탄생한 것으로 추정되고 있다. 요컨대 바다가 있었기 때문에 생명이 탄생할 수 있었으며, 모든 생물들은 물을 기반으로 생존활동을 이어가고 있다는 얘기다. 이 모든 것은 지금으로부터 40억 년 전 지구 행성에 바다가 출현함으로써 일어난 일들이다.

인류가 바다에서 얻는 혜택을 간추린다면, 대류 순환을 위한 수증기 제공,

막대한 열에너지 저장-순환을 통한 지구의 온도 조절, 이산화탄소의 흡수, 다양한 수산자원 제공 등, 이루 다 말할 수 없을 정도다.

이것이 우리가 지구에서 살 수 있는 세 번째 이유다.

넷째, 지구의 하나뿐인 위성 달

현재 지구 중심으로부터 달 중심까지의 거리는 평균 38만km로, 지구 지름의 30배에 해당한다. 그러니까 지구를 30개쯤 늘어놓으면 달에 닿는다는 얘기다. 이 거리는 지구-태양 간 거리의 약 400분의 1이며, 달의 크기 역시 희한하게도 태양 크기의 약 400분의 1이다. 이런 우주적인 우연으로 인해 개기일식 때 우리는 달과 태양이 딱 포개지는 장관을 볼 수 있게 된 것이다.

44억 년 동안 지구와 마주 보며 서로 껴안듯이 돌았던 이 달이 지구에 끼친 영향이란 참으로 엄청난 것이었다. 하루가 24시간으로 된 것도, 지구 바다의 밀물 썰물도 모두 달로부터 비롯된 것이다. 뿐만 아니라 지구 자전축을 23.5도로 안정되게 잡아줌으로써 사계절이 있도록 한 것도 오로지 달의 공덕이다.

그런데 영원히 지구랑 같이 갈 것 같던 달이 지구로부터 점점 멀어져가고 있다는 사실을 아는 사람은 그리 많지 않은 것 같다. 수십 년에 걸친 측정 결과 1년에 3.8cm의 비율로 멀어지고 있음이 밝혀졌다.

작지만, 이 3.8cm의 뜻은 심오하다. 티끌 모아 태산이라는 말은 우주에서도 진리다. 이것이 차곡차곡 쌓이다 보면 10억 년 후에는 달까지 거리의 10분의 1인 3만 8,000km가 되고, 100억 년 후에는 38만km가 된다. 달이 지구에서 2배나 멀어지게 되는 셈이다.

그 전인 10억 년 후 달이 지금 위치에서 10% 더 벌어져 4만km만 떨어져도 지구는 일대 혼란 속으로 빠져들게 된다. 그 동안 자전축을 잡아주어 23.5도를 유지하게 해서 계절을 만들어주던 달이 사라진다면 자전축이 어떻게 기울지 알 수가 없다. 만약 태양 쪽으로 기울어진다면 지구에 계절이란 건 다 없어지고, 북극과 남극의 빙하들이

1967년 7월 1일 최초로 달에 착륙한 암스트롱을 태운 아폴로 11호의 달 착륙선이 달 궤도를 도는 아폴로 11호와 도킹하기 위해 달을 떠나고 있다. (출처/ NASA)

다 사라져 동식물의 멸종을 피할 수 없을 거라고 과학자들은 전망한다.

이처럼 달이 없는 지구는 상상하기조차 힘들다. 달이 지구로부터 멀어지면 지구는 대재앙을 피할 길이 없을 것이다. 기온은 극단적으로 변해 물을 증발시키고 얼음을 녹여 해수면이 수십m 상승하게 된다. 또한 흙먼지 폭풍과 허리케인이 수 세대 동안 이어지게 된다. 달의 보호가 없다면 결국 지구의 생명체는 완전히 사라지게 될지도 모른다. 달 표면의 무수한 크레이터 곰보들은 수십억 년에 걸쳐 지구로 향했던 수많은 소행성들에게 형님인 지구 대신 얻어맞았다는 증거라 할 수 있다.

달이 없다면 인간은 지구에서 살 수 없을 것이다. 우리가 보든 보지 않든 하늘에 저 달이 있기에 지구상의 생명체들이 삶을 영위하고 있다.

이것이 우리가 지구에서 살 수 있는 네 번째 이유다.

다섯째, 지구 자기장

지구에는 자기장이 존재한다. 통칭 '지자기(地磁氣)'라고도 하는데, 휙휙 도는 지남철이 북쪽을 가리키는 것만 봐도 자기장을 확인할 수 있다.

자기력선은 N극에서 나와 S극으로 들어가는데, 현재는 남극쪽이 N극이고 북극쪽이 S극이다. 이는 애당초 나침반을 발명했을 때 "나침반 바늘에서 북쪽을 가리키는 쪽을 북(North, N), 남쪽을 가리키는 쪽을 남(South, S)이라고 하자"라고 정했기 때문이다.

이 지자기가 나침반 바늘을 돌리는 역할만 하는 것으로 안다면 큰 착각이다. 우리 인간을 비롯해 지구상에 살고 있는 거의 모든 생명체들을 지켜주고 있는 엄청난 존재다. 어떻게? 태양으로부터 날아오는 막대한 방사능을 지켜주고 있는 것이 바로 이 지자기다.

우주공간 수십만km까지 뻗쳐 지구를 에워싸고 있는 지자기는 어떻게 생성된 것일까? 소행성 폭격으로 지구 내부로 가라앉은 철이 그 답이다. 지구의 외핵에는 철과 같은 자성체 금속이 녹아서 액체 상태로 존재하는데, 그 아래 고체로 된 철핵이 움직임으로써 전기를 만들면서 자기장을 변화시키고, 시간당 자기선속의 변화로 지구 자기장을 형성한다는 것이 가장 유력한 가설이다.

지구 상공 1,000~60,000km에는 지구 자기장에 붙잡힌 방사성 입자의 띠가 있는데, 이것이 바로 밴 앨런대라는 것이다. 이것의 구성물질은 대부분 태양풍, 즉 태양에서 분출된 고에너지 플라스마인데, 만약 지구 자기장이 없다면 이 입자들은 지구 대기를 직격하여 오존층을 전부 파괴하고, 태양광의 자외선이 전부 지표면으로 쏟아져들어오게 될 것이다. 자외선이 토양의 세

우주공간 수십만km까지 뻗쳐 지구를 에워싸고 있는 지자기는 우주에서 오는 고에너지 입자 등 방사능을 막아 지구 생명체를 보호해준다.

균과 바닷물의 플랑크톤을 모두 죽여버리면 지구는 화성과 같은 죽은 행성이 될 수밖에 없다. 지구에 생명이 존재하는 것은 지구 자기장 덕분이라 해도 과언이 아니다.

이것이 우리가 지구에서 살 수 있는 다섯 번째 이유다.

여섯째, 태양계 행성들의 큰형님 목성

지구의 밤하늘에서 보름달 다음으로 밝은 천체인 목성을 망원경으로 본 사람은 인류의 1%도 안 될 것이다. 이런 목성이 우리가 지구에 살 수 있는 이유 중 하나라면 선뜻 납득이 안 갈 수도 있을 것이다. 하지만 사실이다.

태양계의 5번째 궤도를 돌고 있는 목성은 태양계에서 가장 거대한 행성이다. 목성은 태양계 여덟 행성을 모두 합쳐놓은 질량의 2/3 이상을 차지할뿐더러, 지름이 14만 3,000km로 지구의 약 11배, 부피는 1,400배에 이른다.

지구의 보디가드 목성. 북극에 오로라가 발생하고 있다. (출처/NASA)

그러나 밀도는 지구의 약 1/4 정도밖에 되지 않는다. 그 이유는, 목성은 태양처럼 밀도가 낮은 수소와 헬륨으로 구성되어 있기 때문이다.

그럼 목성은 지구로부터 얼마나 떨어져 있을까? 지구에서의 거리는 가까울 때가 6억km 남짓이지만, 태양으로부터는 약 5.2AU(7억 8천만km) 거리에서 11년 10개월 주기로 공전하고 있다. 그런데 놀라운 점은 이 엄청난 덩치인 목성의 자전 속도는 태양계 내에서 가장 빠른 시속 45,000km로, 지구의 27배가 넘는다는 것이다. 한 바퀴 도는 데 9시간 50분밖에 안 걸린다.

1994년 나사의 목성 탐사선 갈릴레오가 목성으로의 긴 여로 중에 과외의 소득을 하나 올린 게 있는데, 그것은 슈메이커-레비9 혜성이 목성에 충돌하는 사건을 목격한 일이었다. 슈메이커-레비9 혜성이 목성의 조석력으로 산산조각이 나면서 드디어 1994년 7월 14일 총 21개의 조각들이 초속 60km라는 맹렬한 속도로 목성에 돌진, 차례대로 충돌하기 시작했고, 그 충돌은 22일까지 계속되었다. 충돌 후 화구는 목성 상공 3,000km까지 솟아올랐으며, 그 흔적은 지구보다도 커서 직경 5cm짜리 아마추어 천체 망원경으로도 보일 정도였다.

6,600만 년 전 지름 10km짜리 소행성 하나가 유카탄 반도에 떨어지는 바

람에 그 많던 공룡들이 멸종되었다는 사실을 생각하면, 우주는 그리 안전한 곳이 아님을 알 수 있다. 이 같은 폭력사태가 도처에 끊이지 않고 일어난다.

지금도 지구 바깥 궤도를 도는 거대한 목성은 지구를 지켜주는 보디가드라 할 수 있다. 외부 태양계에서 지구를 향해 날아오는 많은 소행성들이 목성과 달이라는 방패에 먼저 들이받음으로써 지구가 비교적 안전을 누리는 셈이다. 만약 슈메이커-레비9 혜성의 작은 한 조각이라도 지구에 충돌했다면 지구 생물의 70%는 멸종을 면치 못했을 거라고 한다. 또한 목성은 지구와 태양과의 적절한 거리를 유지시켜주는 역할도 하는 것으로 나타났다.

만약 목성이 없다면 지구에 충돌하는 소행성의 빈도가 800배는 될 것이라는 연구 결과도 나왔다. 그러므로 우리는 밤하늘에서 목성을 본다면 감사의 마음을 품고 경의를 표하지 않으면 안 된다.

이것이 우리가 지구에 살 수 있는 여섯 번째 이유다.

이밖에도 우리가 지구에 살 수 있는 '이유'는 셀 수 없을 정도로 많으며, 그 중 하나라도 삐끗하면 지구는 종말을 맞을 것이다. 이것이 우리가 지구를 사랑하며 겸손하게 우주의 가호를 빌어야 하는 이유다.

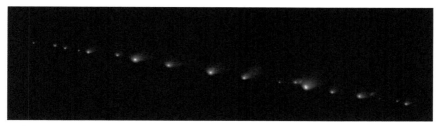

슈메이커-레비9 혜성은 1994년 7월 14일 총 21개의 조각들로 깨어져 목성에 돌진, 차례대로 충돌해 지구보다 큰 흔적을 남겼다. (출처/NASA)

Chapter. 2

'불꽃놀이'로 시작된
놀라운 태양계
탄생 스토리

신비한 것은 세상이 어떠한가가 아니라,
세상이 존재한다는 그 자체다.

| 비트겐슈타인 · 영국 철학자 |

아직 풀리지 않은 태양계 탄생의 비밀

태양계의 가족들이라면 어머니 태양과 그 중력장 안에 있는 모든 천체, 곧 태양, 행성, 위성, 소행성 등이 그 구성원들이다. 태양 이외의 천체는 크게 두 가지로 분류되는데, 8개의 행성이 큰 줄거리로 본책이라 한다면, 나머지 약 185개의 위성, 수많은 소행성, 왜행성, 혜성, 유성 등은 부록이라 할 수 있다.

인류가 태양계 존재를 인식하기 시작한 것은 16세기에 들어서였다. 그전에는 인류 문명 수천 년 동안 태양계라는 개념은 형성되지 않았다는 얘기다. 근세에 접어들기 전까지 수천 년 동안 인류는 지구가 우주의 중심에 부동자세로 있으며, 하늘에서 움직이는 다른 천체와는 절대적으로 다른 존재라고 믿었다.

고대 그리스의 철학자 사모스의 아리스타르코스가 태양 중심의 우주론을 예측하기도 했지만, 태양중심설을 최초로 수학적으로 예측한 사람은 니콜라우스 코페르니쿠스였다. 그후 케플러, 갈릴레오, 뉴턴을 거치면서 지구를 비롯한 행성들이 태양 주위를 움직인다는 지동설과 함께 태양계의 개념이 서서히 싹트기 시작했던 것이다.

태양계의 실제 상황

먼저, 이 동네의 이장님은 말할 것도 없이 태양이다. 그런데 이 이장님이 별나도 보통 별난 게 아니다. 뭐가? 무엇보다 이 태양계 전체 질량 중에서 태양이 차지하는 비율이 무려 99.86%나 된다는 사실이다.

수·금·지·화·목·토·천·해의 여덟 행성과 수백 개의 위성 및 수천억 개에 이르는 소행성 등, 태양 외 천체의 모든 질량을 합해봤자 0.14%에 지나지 않는다니, 이건 거의 큰 곰보빵에 붙어 있는 부스러기 수준이라 하겠다. 더욱이 그 부스러기 중에서 목성과 토성이 또 90%를 차지한다는 점을 생각하면, 우리 80억 인류가 아웅다웅하면서 사는 지구는 부스러기 중에서도 상부스러기라고 해야 할 것이다.

무엇이 태양계를 만들었나?

그렇다면 이 태양계는 언제, 어떻게 만들어졌을까? 물론 지구에 사는 어느 누구도 그것을 직접 목격한 사람은 없다. 하지만 현대과학은 거의 사실에 가깝게 태양계 생성의 수수께끼를 풀어냈다. '성운설'로 일컬어지는 그 내용을

태양계의 형성. 원시태양 성운이 뭉쳐져 태양계를 만들었다.

초신성 폭발로 인한 충격파가 밀도 높은 원시구름의 중력을 무너뜨려 한 점으로 붕괴시킴으로써 원시 별들을 탄생시켰다. 사진은 황소자리의 초신성 잔해인 게성운.

간략히 정리한다면 다음과 같다. 참고로, 성운설을 최초로 제안한 사람은 놀랍게도 과학자가 아니라 철학자인 이마누엘 칸트였다. 이것이 현재 정설로 인정되어 천문학 교과서에 실려 있다.

까마득한 옛날, 빅뱅 이후 약 90억 년이 지난 46억 년 전쯤 어느 시점에, 초신성 폭발이 만들어낸 거대한 원시구름이 있었다. 수소로 이루어진 이 원시구름은 지름이 무려 3.4광년, 약 40조km의 크기였다. 뒤에 태양계 성운이라는 이름을 얻은 이 원시구름을 만든 초신성은 일부 과학자들에 의해 코아틀리쿠에(Coatlicue)라는 이름을 얻었다(코아틀리쿠에는 아즈텍 신화에 나오는 대지와 뱀의 여신이다). 이윽고 이 방대한 태양계 성운은 중력붕괴를 일으켜 중심의 한 점으로 떨어지는 회전운동을 함으로써 태양계 형성의 첫발을 내딛었다. 바야흐로 태양이 잉태되는 순간이다.

이 거대 원시구름은 회전하면서 각운동량 보존의 법칙에 따라 뭉쳐질수록 회전속도는 점점 더 빨라져갔다. 김연아가 얼음판 위에서 회전할 때 팔을 오므리면 더 빨리 회전하게 되는 원리와 같다. 또한 원반이 빠르게 회전할수록 성운은 얇은 원반 모양으로 점점 평평해진다. 이 역시 피자 반죽을 빠르게 돌리면 두께가 더욱 얇아지는 것과 같은 이치다.

이렇게 2천만 년쯤 뺑뺑이를 돌다 보니 성운 질량의 대부분은 중심부로 모이고, 나머지는 원반면에 집중된다. 성운의 중심으로 대부분의 물질이 모여들어 원시태양(protosun)이 탄생한다. 그리고 대략 100AU 안쪽에서 원시태양 주위를 도는 물질들의 원반에서는 수많은 미행성들이 형성된다. 미행성들은 충돌과 병합을 거듭하여 커다란 행성들로 성장한다.

그리고 그 각운동량은 27일마다 한 바퀴 자전하는 태양의 자전운동을 비롯, 태양계 모든 천체의 운동량으로 아직껏 남아 있다. 행성들이 태양 자전축을 중심으로 한 평면상의 궤도를 따라 돌고 있는 것은 그 때문이다. 지금도 현재진행형인 지구의 자전, 공전 역시 원시구름의 뺑뺑이에서 나온 힘이란 뜻이다. 우리는 이처럼 장구한 시간의 저편과 엮여 있는 존재인 것이다.

스타 탄생

그럼 뭉쳐진 원시 수소구름은 어떻게 되었나? 결론적으로 말해, 밤하늘에 무수히 반짝이는 그런 별 중의 하나가 되었다.

별로의 진화 과정을 요약하면, 먼저 회전 원반의 중심부에 엄청난 밀도로 가스가 응축됨에 따라 고온, 고압의 상태가 되는데, 1천만 도의 고온에 이르면 한 '사건'이 일어나게 된다. 이른바 수소 원자핵이 서로 충돌하여 헬륨 원자를 만들면서 질량-에너지 등가 방정식 $E = mc^2$에 따라 핵 에너지를 방출하는 핵융합 반응이 일어나는 것이다. 여기서 원시구름 뭉치는 중심부의 압력이 올라가 수축이 멈추고 스스로 빛을 냄으로써 하나의 별로 자리매김하기에 이른다. 이것이 바로 스타 탄생이다!

태양계 상상도 (거리-크기 비례는 다름) (출처/NASA)

그리고 미처 태양에 합류하지 못한 성긴 부스러기들은 각각으로 뭉쳐져 행성과 위성, 기타가 되었다.

태양계 탄생이라는 이 모든 일들이 이루어진 것이 약 46억 년 전이니, 우주의 역사 137억 년을 놓고 볼 때 거의 근대사에 속하는 사항이라 하겠다.

고승의 삶과 닮은 태양의 일생

사람의 일생과 같이, 태양계의 구성원들도 결국은 모두 죽는다. 약 64억 년 후 태양의 표면온도는 내려가고 부피는 크게 확장된다. 적색거성으로의 길을 걷게 되는 것이다. 물론 그 전에 지구는 바다가 말라붙고 생명들은 멸종을 피할 수가 없다.

78억 년 후 태양은 대폭발과 함께 자신의 외곽층을 행성상 성운의 형태로 날려보낸 후 백색왜성으로 알려진 별의 시체를 남긴다. 그리고 인류가 한때 문명을 일구며 살았던 지구 잔해들을 포함, 모든 태양계 천체들이 태양의 잔해와 함께 우주공간으로 흩뿌려지고, 성운의 고리가 저 멀리 해왕성 궤도까지 미치게 된다.

외층이 탈출한 뒤 남은 태양의 뜨거운 중심핵은 수십억 년에 걸쳐 천천히 식는 동시에 어두워지면서 백색왜성이 된다. 이것이 태양계의 어머니 별인 태양의 종착역이자 마지막 모습으로, 이로써 120억 년 전 원시구름에서 시작되었던 장대한 태양계 역사는 마감되는 것이다.

애초에 먼지에서 태어나 찬연한 빛을 뿌리며 살다가 장엄하게 죽어 다시 먼지로 돌아가는 것, 이것이 모든 별의 일생이다. 지구상에 인류를 비롯해 수많은 생명들을 키우고 사라지는 태양의 일생은 어찌 보면 다비를 치른 후 사리를 남기는 고승의 삶과 흡사하다.

방대한 '태양왕조실록' 속에 고작 몇백만 년 동안 지구상에 생존했던 인류의 역사는 한 줄 정도로 기록되지 않을까 싶다. "인류라는 지성을 가진 생명체가 한 행성에 나타나 잠시 문명을 일구고 우주를 사색하다가, 탐욕으로 곧 멸망에 이르렀다"는 식으로.

태양, 그 탄생에서 종말까지

불타는 수소 공

지금 저 하늘에서 뜨겁게 이글거리는 태양은 불타는 수소 공이다. 날마다 당연시하고 심상하게 바라보는 태양이지만, 기실은 지름이 무려 지구의 109배, 140만km다. 시속 900km로 나는 비행기로 지구를 한 바퀴 도는 데는 이틀이면 충분하지만, 태양을 한 바퀴를 돌려면 무려 7달이나 걸리는 어마무시한 크기의 물체다.

그런데도 우리가 태양을 지구에서 가장 가까운 엄청난 실체이자 압도적인 현실로 생각하지 못하는 것은 너무나 먼 거리에 떨어져 있어 하늘에서 꼭 축구공만 하게 보이기 때문이다. 얼마나 멀리 떨어져 있어 그런 걸까? 약 1억 5천만km다. 실감이 안 난다면 시속 100km 차를 타고 달려가보면 된다. 무려 170년 동안 쉼없이 가속 페달을 밟아야 하는 거리다.

하지만 태양에 가는 것은 되도록이면 말리고 싶다. 5,500도의 열기도 열기려니와, 방사능 폭우로 인해 접근하기도 전에 어떤 생명체든 소멸하고 만다. 그런 태양이 뿌리는 광자 알갱이들이 1억 5천만km의 우주공간을 8분 만에 주파해 내 얼굴을 어루만진다. 얼굴이 따뜻하다. 태양이란 물체의 존재감이 확 느껴진다.

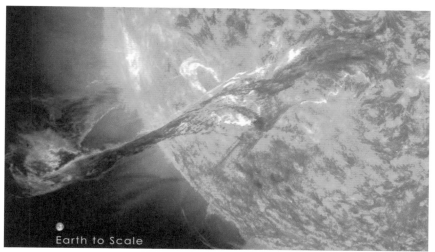

지구 수십 배 크기의 엄청난 태양 홍염 (출처/NASA)

만약 지구가 태양에 퐁당 빠진다면?

지구가 공전을 멈춘다면 그 즉시로 태양 인력에 끌려가 태양에 충돌하게 되는데, 그러면 과연 어떤 일이 벌어질까?

태양의 표면온도는 5,500도다. 그러니 지구가 저 해 속에 퐁당 빠진다면 남아나는 게 하나도 없이 모조리 곤죽이 되고 말 것이다. 모닥불에서 순간 빠직 하고 타버리는 한 마리 하루살이 같다고 할까.

이 무서운 태양 에너지는 수소원자 4개가 헬륨원자 하나로 핵융합하면서 생산되는 핵에너지다. 아인슈타인의 물질-에너지 등가 방정식 $E = mc^2$(E:에너지, m:결손질량, c:광속)이 저 엄청난 에너지 생산의 비결이다. 이 방정식의 위력은 1945년 히로시마에서 사상 최초로 증명되었다.

지상의 모든 생명체는 저 무섭도록 뜨거운 수소 공의 에너지를 받고 살아

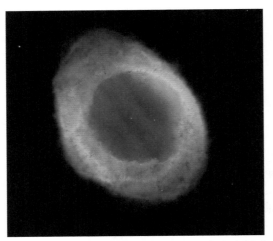

고리성운 M57. 거문고자리의 행성상 성운으로, 가운데 백색왜성
이 보인다. 70억 년 후 태양의 모습이 이럴 것이다. (출처/NASA)

간다. 식물들이 새봄을 맞아 잎 피고 꽃 피는 것은 물론, 우리의 모든 활동 에
너지 역시 다 태양으로부터 온 것이다. 만약 태양이 끊임없이 에너지를 생산
해 우주에 뿌려주지 않는다면 이 드넓은 태양계에는 아메바 한 마리도 살지
못할 것이다. 고로 불타는 수소 공 태양은 태양계의 지존이자 살아 있는 모든
것들의 어머니다.

태양의 장엄한 종말

45억 6천만 년 전부터 지금까지 지구 하늘에서 쉼없이 불타면서 나를 비
롯해 지구상의 뭇생명들을 살리고 있는 저 태양은 그럼 얼마나 오래 살까?
현재 태양은 우주의 여느 별과 마찬가지로 별의 진화 과정 중 핵융합을 통
해 에너지를 생산하는 주계열성 단계에 있는데, 이 단계는 별의 생애 중 거의

90%를 차지한다. 태양은 주계열 단계에서 약 109억 년을 머무를 것으로 예상된다.

태양은 질량이 작아 초신성 폭발을 일으키지 못하는 대신, 71억 년이 지나면 적색거성으로 부풀어오를 것이다. 중심핵에 있는 수소가 소진되어 핵이 수축되면서 태양 온도는 치솟고 외곽 대기는 무섭게 팽창한다. 그로부터 6~7억 년 뒤에는 마침내 태양 외곽층이 우주로 방출되어 거대한 먼지 고리를 만들게 된다. 이른바 행성상 성운이다. 이때 수성과 금성, 지구는 팽창하는 태양에게 잡아먹힐 것으로 천문학자들은 예상한다.

외층이 탈출한 뒤 극도로 뜨거운 중심핵이 남는데, 이 태양의 속고갱이 같은 중심핵은 수십억 년에 걸쳐 어두워지면서 지구 크기만 한 백색왜성이 된다. 이 시나리오가 태양과 비슷하거나 좀 더 무거운 별들이 다 같이 겪는 운명이다.

태양이 진화한 행성상 성운의 고리는 해왕성 궤도 부근까지 미칠 것이며, 아마도 그 별먼지 속에는 한때 지구에서 문명을 일구며 잠시 살았던 인류의 잔재들도 포함되어 있을 것이다.

가장 뜨거운 우주 미션, 파커 태양 탐사선

태양을 향해 날아오르다!

태양은 뜨겁다. 얼마나 뜨거울까? 벌겋게 녹은 쇳물은 1,500도가 넘는다. 금속 중 녹는점이 가장 높은 텅스텐은 3,422도가 돼야 녹는다. 그런데 태양의 표면 온도는 그보다 2,000도 이상 높은 5,500도나 된다. 염열지옥이라도 이보다는 시원할 것이다.

인류가 태양에 관해 400년 이상 연구해왔지만 아직도 수많은 태양의 비밀이 풀리지 않은 채 있는 주된 이유가 바로 이 태양의 고온 때문이다. 감히 인류가 범접할 수 없는 존재가 태양이다. 그런데 이 지옥 같은 태양 대기 속으로 뛰어들어 영웅적인 탐사 활동을 벌이고 있는 우주선이 하나 있다. '역사상 가장 뜨거운 우주 미션'을 수행하고 있는 주인공은 나사의 파커 태양 탐사선(Parker Solar Probe)이다.

2018년 8월 12일 플로리다 주 케이프커내버럴 공군기지에서 델타 IV 헤비 로켓에 실려 발사된 파커 태양 탐사선의 미션은 '터치 선(Touch Sun, 태양을 터치하라)'이라는 프로젝트 명칭처럼 태양으로부터 620만km까지 7차례 근접비행을 하는데, 이는 이전 어떤 탐사선의 접근 거리보다 8배나 가까운 것이다. 또 태양과 가장 가까운 행성인 수성-태양 사이 거리(5,790만km)의 10분의 1 수준이다. 이 정도만 접근해도 태양은 지구에서 보는 것보다 23배나 크게 보인다.

문제는 1,370도까지 치솟는 엄청난 실외 온도, 지구에 비해 475배 강한 태양 복사로부터 어떻게 탐사선과 기기들을 보호하느냐 하는 점인데, 이를 위해 파커 탐사선은 11.43cm 두께의 탄소복합체 외피를 둘러싸 실내온도 27도를 유지하도록 설계되었다.

총 15억 달러(한화 약 1조 7천억 원)가 투입된 이 태양 탐사선에는 전자기장과 플라스마, 고에너지 입자들을 관측할 수 있는 장비들과 태양풍의 모습을 3D 영상으로 담을 수 있는 카메라 등이 탑재되었다. 이 장비들로 태양의 대기 온도와 표면 온도, 태양풍, 방사선 등을 정밀 관측한다.

태양의 첫 번째 수수께끼, 코로나

야심적인 태양 탐사를 진행하고 있는 파커 솔라 프로브의 '파커'는 평생을 태양 연구에 바친 미국 천체물리학자 유진 파커(1927~2022)를 기리는 뜻에서 따온 것이다. 생존 인물의 이름을 탐사선 이름으로 삼은 것은 이번이 최초이다.

유진 파커 박사는 태양의 2대 비밀 중 하나인 코로나의 고온에 대해 유력한 가설을 내놓은 천문학자다. 태양 대기의 상층부, 곧 코로나의 온도는 태양 표면보다 무려 200배나 높은 수백만 도나 된다. 모닥불에서 멀어질수록 열기는 낮아진다. 그런데도 코로나가 이처럼 고온인 것은 대체 무슨 조화일까? 그 이유는 태양 대기 속에서 초당 수백 번씩 일어나는 작은 폭발들(nanoflares)이 코로나 속의 플라스마를 가열시키기 때문이라는 것이 파커의 이론이다.

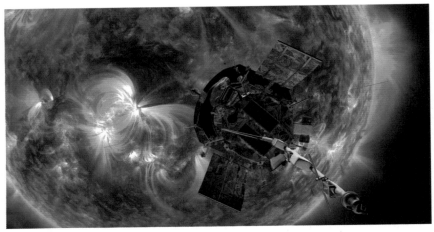

나사의 태양 탐사선 '파커 솔라 프로브'가 태양을 스윙바이하는 그래픽 (출처/NASA)

탐사선이 헌정된 주인공 유진 파커 박사는 다음과 같이 소감을 밝혔다. "태양 탐사선은 이전에 한 번도 탐구된 적이 없는 우주의 한 지역으로 들어갈 것이다. 우리는 마침내 태양풍에서 일어나는 일들에 대해 좀더 자세한 측정을 하게 될 것이며, 매우 놀라운 일들이 벌어질 것이다. 우주는 항상 그렇다."

태양의 두 번째 수수께끼, 태양풍

두 번째 수수께끼는 태양풍의 속도에 관한 것이다. 태양풍이란 말 그대로 태양에서 불어오는 대전된 입자 바람으로 '태양 플라스마'라고도 한다. 태양은 쉼 없이 태양풍을 태양계 공간으로 내뿜고 있는데, 우리 지구 행성을 비롯해 태양계의 모든 천체들은 이 태양풍으로 멱을 감고 있다고 보면 된다.

이런 태양풍이 어떨 때는 엄청난 에너지를 뿜어내기도 하는데, 이를 '코로나 질량 방출(CME)'이라 한다. 태양 흑점 등에서 열에너지 폭발이 발생하면 거대한 플라스마 파도가 지구를 향해 초속 400~1,000km로 돌진한다. 이럴 경우 마치 지구 자기장에 구멍이 난 것처럼 대량의 입자들이 지구에 영향을 미치는데, 이를 '태양폭풍'이라 한다.

이 물질들은 대기를 통과하는 과정에서 사람에게 직접적인 해를 입히지는 않지만, 위성통신과 통신기기를 활용하는 전자 시스템에 영향을 줄 수 있다. 이 경우 전력망, 스마트폰, GPS 등 위성통신을 사용하는 모든 서비스가 마비될 수 있으며, 대규모 정전사태를 가져와 엄청난 재산상 피해를 낼 수도 있다. 하지만 이것이 고위도의 지구 상공에 아름다운 오로라를 만들기도 한다.

가장 최근 관측된 태양폭풍은 2013년 10월 말부터 11월 초 사이에 일어났다. 이로 인해 태양을 관측하던 인공위성인 SOHO가 고장나고, 지구 궤도를 돌던 우주선들이 크고 작은 손상을 입었으며, 국제우주정거장에 있던 우주인들은 태양폭풍이 뿜어내는 강력한 방사선을 피해 안전지역으로 대피해야 했다.

그런데 이 태양풍의 엄청난 속도가 어떻게 만들어지는지를 아직까지 모르고 있다. 태양 표면에서는 그런 속도를 만들 만한 기제가 없다. 따라서 태양풍은 태양 표면에서 행성까지 오는 공간에서 그런 속도를 얻는다고 볼 수밖에 없는데, 그 원인을 전혀 파악하지 못하고 있다는 말이다. 이것이 파커 태양 미션에서 풀어내야 할 큰 미스터리다.

태양풍에 대한 정확한 관측이 필요한 것은 이를 미리 예측하고 대비해야 인적·물적 피해를 줄일 수 있기 때문이다. 또한 태양풍의 영향을 이해하는 것은 인간이 달과 화성, 나아가 심우주를 탐험하는 데 필수적이다. 파커 태양 탐사선은 이를 위해 2018년에서 2025년까지 24차례 태양에 근접비행하며 태양 궤도를 24차례 돈 후 태양 코로나 속으로 급강하할 예정이다.

'태양 터치' 파커 탐사선, '빠른' 태양풍의 근원 찾았다!

2023년 3월 17일 기준으로 파커는 태양에 15번 가까이 근접비행했는데, 최고 610만km까지 태양에 접근하는 기록을 세웠다. 이때 파커 탐사선의 속도는 시속 최고 587,000km를 찍었다.

미션 수행 6년차에 접어든 파커 태양 탐사선은 태양풍의 근원인 태양 대기의 '코로나 홀'을 포함하여 태양풍의 미세한 세부사항을 발견할 수 있을 만큼 충분히 태양에 근접비행했다. 코로나 홀은 태양의 코로나가 평균보다 어둡고 차가우며, 더 낮은 밀도의 플라스마를 지니는 영역이다.

파커 탐사선이 보내온 정보로 무장한 과학자들은 이제 지구상에 오로라를 만들기도 하지만 한편으로는 통신-전력 인프라를 훼손하고 인공위성이나 우주비행사를 위협할 수 있는 태양폭풍을 더욱 잘 예측할 수 있게 되었다.

파커가 보내온 데이터를 통해 연구원들은 태양풍이 태양의 외부 대기인 코로나를 빠져나가 비교적 균일한 흐름으로 지구에 도달하기 전에 손실되는 태양풍의 특성을 파악할 수 있었다.

우주선(宇宙線)은 태양풍을 구성하는 고에너지 입자의 흐름이 코로나 홀 내에서 이른바 '초대형 쌀알무늬 흐름'과 일치한다는 것을 확인했다. 이 지역은 '빠른' 태양풍의 원천으로 지적되었는데, 이 태양풍은 태양의 극지방에서 볼 수 있으며, 최고 속도의 제트기보다 약 1,000배 빠른 시속 270만km에 달한다. 코로나 홀은 태양 표면의 자기장선에서 형성되지만, 다시 고리를 만들면 낙하하지는 않는 것으로 여겨진다.

태양의 11년 활동 주기 중 조용한 기간 동안 코로나 홀은 보통 태양의 극에서 발견된다. 이것은 코로나 홀에서 나오는 태양풍이 일반적으로 지구를 향하지 않는다는 것을 의미한다. 그러나 태양이 더 활성화되고 자기장이 '뒤집히면' 극이 전환되면서 코로나 홀이 확장되고, 강력한 하전입자 흐름이 지구를 향할 수 있다. 연구팀 구성원은, 이 같은 사실의 발견은 파괴적인 태양 폭풍을 예측하는 데 도움이 될 수 있다고 밝혔다.

코로나 홀은 태양 표면에서 자기장이 확장되는 균일한 간격의 '밝은 점'에서 하전입자 제트를 분사하는 샤워꼭지처럼 작동한다. 이로 인해 약 29,000km 너비의 깔때기가 생겨 지구에서 코로나 홀 내의 밝은 '제트 분출'로 보인다. 연구팀은 이 깔때기에서 반대 방향의 자기장이 서로 지나갈 때 자기력선이 끊어졌다가 다시 연결되는 것으로 보고 있다. 이 자기 재연결이 바로 태양풍, 곧 하전입자를 방출하는 역할을 하는 과정이다.

여기에서 관찰된 일부 입자의 속도가 태양풍의 평균보다 최대 10배 더 빠른데, 이는 자기 재연결과 같은 강력한 현상으로만 가능하다. 이러한 속도는 단순히 플라스마를 따라 서핑하는 입자에게는 불가능하기 때문에 과학자들은 깔때기 구조 내의 자기력선 재연결이 '빠른' 태양풍의 근원이라는 결론을 내렸다.

파커 태양 탐사선의 추가 데이터는 향후 근접비행 동안 태양의 약 640만 km 이내에서 발생하므로 과학자들이 이론을 확인하는 데 도움이 될 수 있다. 그러나 현재 태양이 혼란스럽고 강렬한 활동 기간인 태양 극대기에 접어들고 있다는 점에서 상당한 어려움이 뒤따를 수도 있다.

파커, 총 24회 중 17번째 태양 스윙바이

파커 태양 탐사선은 2024년 크리스마스 이브에 태양에 최근접하는 새로운 역사를 써냈다. 이 기록적인 업적은 탐사선이 코로나의 뜨거운 열기를 무릅쓰고 태양에 610만km 이내까지 진입함으로써 이루어졌다. 이 거리는 지구-달 간의 거리 38만km의 약 16배, 태양 지름 139만km의 약 4.4배, 지구-태양 간 거리 1.5억km의 약 4%에 해당한다. 이 플라이바이는 파커가 태양에 근접 통과한 22번째 사례다.

태양 탐사선 파커는 이전에도 여러 차례 기록을 깨왔다. 2023년 9월 21일, 파커는 시속 635,266km, 초속 176km의 속도를 기록하여 인류가 만든 가장 빠른 물체에 등극하는 기록을 세운 바 있다.

과학자들은 지구인이 크리스마스 이브를 즐기는 동안 태양을 터치하는 파커는 시속 692,000km, 초속 192km의 속도로 날았을 것으로 추정하며, 이는 이전의 기록도 깬 것이다. 비교하건대 이는 총알 속도의 190배로, 록히드 마틴 제트 전투기의 최고 속도보다 약 300배 빠른 것이다. 이 놀라운 속도의 위업은 금성 플라이바이에서 얻어낸 7번의 '중력 도움' 덕분에 달성될 수 있었다.

파커는 임무를 계속 수행하여 2025년 6월 19일 마지막으로 플라이바이가 이루어질 예정이다.

태양 흑점은 왜 검게 보일까?

태양 흑점이 검은 이유

태양 흑점은 온도가 약 5,500도인 태양의 광구(태양의 빛나는 표면)에 비해 1,500도 정도 온도가 낮아 상대적으로 어둡게 보인다. 하지만 태양 표면에서 흑점만을 꺼내놓고 본다면, 3,500도가 넘는 심홍빛의 가스는 보름달보다 훨씬 밝다.

태양 흑점은 왜 생기는가? 정답은 태양의 복잡한 자기마당 현상에서 비롯된다는 것이다. 지구나 태양은 하나의 거대한 자석이기 때문에 남북으로 길게 자기마당을 형성하고 있다.

가스체인 태양은 대략 적도에서는 25일, 극지에서는 34일에 한 번씩 자전한다. 이 자전주기의 차이로 인해 자력선이 꼬이고 엉키면서 한 지점에서 집중적으로 자기장이 강한 부분이 생겨나게 되고, 강한 자기장으로 인해 태양의 대류가 지체가 되고 온도가 낮아지면서 흑점이 생겨나는 것이다. 자기마당의 흐름이 바뀌면 흑점 역시 사라진다. 흑점의 크기는 다양하여 작은 것은 16km짜리도 있지만, 큰 것은 지구 10개가 퐁당 들어갈 만한 16만km나 되는 것도 있다.

역사상 태양 흑점을 가장 먼저 발견한 사람은 누구일까? 이탈리아의 갈릴

스페인의 시에라 델 시드 지방 언덕 위로 떠오르는 태양. 흑점들이 선명히 보인다. (사진/Jordi Coy)

레오 갈릴레이가 1613년 망원경으로 태양 흑점을 최초로 발견했다고 주장해, 그 우선권을 놓고 독일 천문학자인 크리스토프 샤이너와 박 터지게 싸웠다. 양보심이라고는 쥐뿔만큼도 없었던 갈릴레오는 그로 인해 원한을 사서 통렬한 보복을 당하게 되었다. 갈릴레오가 만년에 종교재판을 받을 때 유죄이론을 바로 샤이너가 제공했던 것이다. 결국 갈릴레오는 자택에 종신 유폐되었는데, 얼마 후에는 눈까지 멀고 말았다.

　그런데 그들의 흑점 싸움은 따지고 보면 별 의미가 없는 것이었다. 기록으로 볼 때 태양 흑점의 최초 발견자는 중국인일 가능성이 아주 높다. 2,000년쯤 전 사막에서 날아온 모래먼지가 하늘을 뒤덮어 태양을 직접 볼 수 있을 때, 중국인들이 이 흑점을 관측했다는 기록이 남아 있다. 그래서 중국인들은 태양에 다리가 셋 달린 까마귀, 곧 삼족오가 살고 있다고 상상했다.

태양 흑점, 어떻게 관측할까?

태양 흑점은 매년 일정하게 발생하는 것이 아니라 11년을 주기로 흑점 수가 증감하기 때문에, 관측을 하기 위해서는 시기를 잘 잡아야 한다.

그렇다면 태양 흑점은 어떻게 관측하는 걸까? 관측 전에 무엇보다 중요한 점은 천체망원경이나 쌍안경으로 바로 태양을 겨누는 일은 절대 하지 말아야 한다는 점이다. 난생 처음 천체망원경을 손에 넣으면 흥분된 마음으로 대뜸 태양 흑점을 보겠다고 주경을 태양으로 겨누는 사람이 더러 있다. 위험천만한 일이다.

어느 망원경에든 이런 딱지가 붙어 있다. "이 망원경으로 태양을 바로 보지 마시오. 눈에 영구 장애를 초래할 수 있습니다." 실명할 수도 있다는 뜻이다. 흑점을 관측하려면 반드시 주경 앞에 태양 필터나 흑색 필름을 대고 태양을 봐야 한다. 중요한 사항이니 특히 어린 자녀들에게 잘 교육해야 한다.

태양 필름을 잘라 종이컵에 붙인 후 쌍안경에 끼우면 훌륭한 흑점 관측용 망원경이 된다.

태양 흑점을 관측하는 데 가장 간편한 방법은 쌍안경에다 태양 필터를 만들어 끼우는 것이다. A4용지 크기의 태양 필름을 구매해 종이컵에 적절히 부착하면 훌륭한 태양 필터가 된다. 하지만 이 필터 역시 3분 이상 지속적으로 관측하는 것은 위험하다. 가장 안전한 방법은 태양 필터 완제품을 구매해 천체 망원경에 끼워서 보는 것이다.

태양 흑점을 처음 관측하는 사람들은 놀라운 경험과 충격을 받기도 하는데, "아, 저렇게 큰 불덩어리가 하늘에 떠 있다는 건가!" 또는 "저게 그냥 생겼을 수는 없지. 빅뱅 아니면 어떻게 생겨났겠어!" 등등이 가장 많은 소감 목록이다. 여러분도 태양 흑점을 보고 우주의 출발인 빅뱅을 직접 실감해보기 바란다.

태양에게 '잃어버린 형제별'이 있다?

우주의 별들은 무리지어 태어난다

대부분의 별은 단독으로 존재하지 않고, 두 개 이상 여러 개가 무리지어 존재하는 경우가 많다. 태양처럼 홀로 있는 별이 오히려 드문 편이다. 별들의 산란실이라 할 수 있는 성운이 대개 수백, 수천 개의 별들을 산란시킬 수 있는 엄청난 양의 물질을 가지고 있기 때문이다.

그런 분자구름이 맨 처음 중력으로 말미암아 수축을 시작할 때, 여러 곳에서 동시에 수축이 진행되어 결국 별 가족이 생겨난다. 따라서 그런 별들은 같은 지역에서 탄생해 함께 움직이지만, 결국 혼란스러운 상황에서 서로 다른 속도를 가지고 은하 전체로 흩어진다.

태양이 생성될 당시 함께 생겨난 수많은 별들이 성단(무리별)의 형태로 수백만 년 동안 존재해왔지만, 시간이 지남에 따라 별들이 폭발하거나 자리를 이동함으로써 태양의 짝별들은 종적을 감추었다.

우리 태양의 나이는 약 46억 살이다. 그 오랜 세월이 흐른 후에 형제를 찾는다는 것은 사막에서 바늘 찾기일 것이다. 그러나 집념을 가지고 태양의 형제별 찾기에 나선 천문학자들이 있다. 그들은 태양도 생성 당시에는 여러 개의 별들과 함께 태어났다고 보고, 은하수 곳곳에 흩어져 있는 태양 형제별들의 행방을 오랫동안 추적해왔다.

솔라 시블링, 태양 형제별 찾기

그 결과 현재 태양과 매우 유사한 '형제별'로 추정되는 별 하나가 발견되었는데, 헤르쿨레스자리의 'HD 162826'이라는 이름의 별이 그 주인공이다. 이 별은 태양에서 110광년 떨어진 곳에 있으며, 태양보다 15% 더 크지만 어두워서 맨눈으로는 보이지 않는다.

미국의 천문학자 바단 애디베키언은 2014년에 이 별이 지구와 같은 성분의 가스 구름에서부터 형성된 것으로 보여, 약 46억 년 전에 같은 항성 보육원에서 출현한 수천 명의 태양의 형제 중 하나일 가능성이 "거의 확실하다"고 발표했다.

이 결론은 그것이 바륨과 이트륨과 같은 희귀 원소를 포함하여 태양과 동일한 화학적 조성을 가지고 있으며, 그 궤도를 결정하고 은하 중심에 대한 공전을 반전시켜본 결과 확인되었다.

이 별이 아마도 가장 가까운 태양 형제일 것으로 연구자들이 추정하는 이유는, 만약 태양의 형제별이 더 가까이 있었다면 먼저 확인되었을 것이기 때문이다. 연구자들은 이렇게 가까운 거리에 태양 형제별이 하나 있을 거라고는 예상하지 못했다.

천문학 용어로 '솔라 시블링(solar sibling)'이라고 불리는 태양 형제별 찾기에는 두 가지에 초점이 맞추어진다. 첫째는 태양과 나이가 같아야 한다는 점이고, 둘째는 태양과 화학적 성분이 같아야 한다는 점이다. 별은 그것이 태어난 성운과 마찬가지로 거의 수소와 헬륨으로 이루어져 있지만 약간의 다른 원소들도 포함하고 있는데, 그 비율이 성운마다 다르다. 따라서 같은 성운에서 태어난 별들은 서로 성분이 비슷하다.

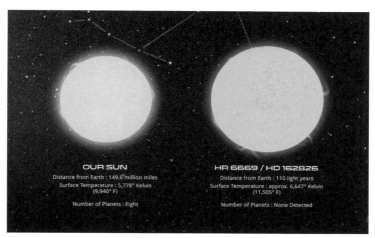

태양의 잃어버린 형제별로 유력한 헤르쿨레스자리의 'HD 162826' (출처/kevharris)

그런데 이런 두 가지 요건을 갖춘 HD 162826은 당시 태양과 함께 생성
된 것으로 보이며, 천문학자들은 이것이 '오래전 잃어버린 태양의 형제별'
로 보고 흥분을 감추지 못하고 있다. 나이도 태양과 같을 뿐 아니라 질량, 온
도, 밝기, 크기가 거의 같아 숫제 태양의 쌍둥이별처럼 보이기까지 한다. HD
162826과 태양이 생성된 성단은 시간이 지남에 따라 별들이 넓게 흩어지게
하는 산개성단이었던 것으로 믿어진다.

'우리가 어디서 왔는지 알고 싶다'

한편, 천문학자들은 이 별에 외계 생명체가 거주할 만한 가능성을 찾기 위
해 노력하고 있다. 태양의 형제들이 있는 영역은 생명체가 서식할 수 있는 외
계행성을 수색하는 데 좋은 후보지가 될 수 있다.

HD 162826에는 아직까지 알려진 행성이 없다. 천문학자들이 지금까지

파악한 외계행성 연구에 비추어볼 때 뜨거운 목성 외에도 지구형 행성은 가능하다고 제안한다. 또한 생명체가 서식할 확률이 아주 낮더라도 0은 아닐 것으로 추정한다. 그러나 이러한 생명 서식 가능성을 확인하기 위해서는 이 별에 대한 더 많은 연구가 필요하다. 연구팀은 '태양의 형제별'의 세세한 화학물질을 분석하는 것이 다음 목표이며, 이를 통해 태양과 지구의 기원 및 외계 생명체를 찾을 수 있을 것으로 기대하고 있다.

연구를 이끈 텍사스 대학교의 이반 라미레스 수석 연구원은 태양 형제별을 찾는 것의 중요성을 다음과 같이 설명했다. "우리는 여전히 우리가 어디서 왔는지 알지 못한다. 태양이 은하의 어느 부분에서 형성되었는지, 기원이 되는 환경을 찾아낼 수 있다면 초기 태양계의 조건을 제한할 수 있다. 그렇게 하면 우리가 왜 지금 여기에 있는지 이해하는 데 도움이 될 수 있을 것이다." '태양의 형제별'은 육안으로 확인이 어렵지만, 망원경이 있다면 거문고자리의 베가 근처에서 쉽게 관찰할 수 있다. 현재 'HD 162826'과 관련한 정보는 유럽우주국(ESA)에서 발사한 '가이아 망원경'이 전달하고 있다.

냉온탕 겸비한 수성의 비밀

수성 탐사선 베피콜롬보

유럽의 수성 탐사선 베피콜롬보가 2023년 6월 19일 중력도움으로 수성을 세 번째 플라이바이하면서 크레이터로 가득 찬 표면의 놀라운 클로즈업 이미지를 촬영했다.

베피콜롬보는 오늘날 널리 쓰이는 우주 탐사선의 항법을 개발한 20세기 이탈리아 과학자 주세페 베피 콜롬보의 이름을 땄다. 중력도움으로 알려진 이 항법은 행성의 중력을 이용해 진로를 바꾸거나 속력을 변화시키는 '행성 궤도 접근통과(Fly-by)' 기술이다.

베피콜롬보는 유럽우주국의 '수성 행성 궤도선(MPO)'과 일본우주항공 연구개발기구(JAXA)의 '수성 자기장 궤도선(MMO)' 두 개의 탐사선으로 구성돼 있다. 두 탐사선은 2026년부터 분리돼 각기 고도 480~1,500km의 타원궤도를 돌며 1~2년 동안 독립적으로 수성 탐사를 한 뒤 서서히 고도를 낮춰가 수성

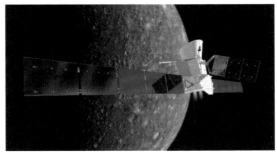

유럽의 수성 탐사선 베피콜롬보가 수성을 플라이바이하는 그래픽
(출처/ESA)

표면에 충돌할 것으로 예상된다.

베피콜롬보의 기본 임무는 수성 표면을 촬영하고 자기장을 분석하는 것이다. 또 수성의 거대한 핵을 이루고 있는 철 성분도 분석한다. 수성은 전체의 64%가 철이다. 수성이 핵이 크고 지각이 얇은 행성이 된 것은 거대한 천체가 수성과 충돌하면서 맨틀 대부분을 날려버렸기 때문으로 추정한다.

태양에 가장 가까운 수성, 어떤 행성인가?

태양에 가장 가까운 제1 행성 수성은 태양을 두 번 공전하는 동안 세 번 자전하며, 공전 주기는 88일이다. 반지름은 2,440km, 둘레 43,924km로 가장 작은 내행성이기도 하다.

수성과 지구의 거리는 평균 7,700만km로 지구~태양 평균 거리의 절반 정도다. 그러나 태양 중력의 영향을 많이 받는데다 공전 속도가 초속 47km로 지구보다 1.5배나 빠르고, 표면 온도가 낮에는 400도, 밤에는 영하 170도로 변화가 극심해 우주선이 수성 궤도에 안정적으로 진입하거나 착륙하는 것이 쉽지 않다.

수성은 태양계 행성들 중 가장 밀도가 큰 천체로, 그 땅속에 특이할 정도로 금속 성분이 뭉친 덩어리가 굵직하게 있는 것으로 추정된다. 지구의 밀도는 수치상으로는 크지만 사실 자체 중력으로 인해 내부가 압축된 상태임에 반해, 수성은 부피가 지구보다 훨씬 작고 내부 또한 그리 압축되어 있지 않다.

이 같은 수성의 큰 밀도는 내부 핵 크기가 크고, 핵에 포함된 철 함량이 풍부하다는 것을 의미한다. 지질학자들은 수성의 핵 부피가 전체 대비 42%(지구는 17%)일 것이라고 추측하며, 특히 최근 연구로 수성의 핵이 용융 상태라는 것이 밝혀졌다.

작은 크기와 59일에 이르는 느린 자전 속도에도 불구하고, 수성은 자기장을 가지고 있다. 매리너 10호의 수성 자기장 크기 측정 결과 지구의 1.1%임이 밝혀졌다.

지름 70km가 넘는 '윤선도 크레이터'

수성의 표면은 달과 비슷하게 충돌구가 많으며, 행성이 식으면서 수축할 때 형성된 길이 수백km의 장대한 절벽이 존재한다. 약간의 대기가 있지만, 기압은 지구의 1조 분의 1로 매우 희박하다. 중력이 너무 약해 대기를 붙잡아둘 수 없기 때문이다. 따라서 수성에는 바람이 불지 않는다. 표면에 있는 수많은 충돌구들은 풍화작용이 없으니 수십, 수백만 년이 지나도 형태가 그대로 보존된다.

전체적으로 수성 표면은 달에 있는 바다와 유사한 평원과, 수십억 년 동안 활동하지 않는 큰 충돌구가 있다. 46억 년 전부터 38억 년 전까지, 수성 표면에 혜성과 소행성이 충돌하는 기간이 있었는데, 이 기간을 후기 대폭격기라고 한다. 이 기간 동안 수성은 전체적으로 폭격을 받아 충돌구가 급격히 늘어났다. 이는 지구와 달리 수성은 대기가 희박하기 때문에 충돌체의 속도가 감소하지 않았기 때문이다.

또 이 시기에는 화산 활동도 활발했다. 마그마로 가득 차 있는 분지는 그때문이다. 2008년 10월, 메신저에서 전송된 수성 표면에 관한 자료는 연구자들에게 큰 도움을 주었다. 이 자료로 수성 표면은 화성이나 달 표면보다 더 이질적이라는 것이 밝혀졌다.

혜성처럼 꼬리가 있는 수성. 2001년 처음으로 수성의 꼬리가 발견되었다. (출처/Sebastian Voltmer)

태양에 가까워 엄청난 에너지를 고스란히 받는 수성은 표면의 평균온도가 약 452K(179도)일 정도로 펄펄 끓는 용광로이지만, 온도 변화는 약 90K(-183도)~700K(427도)로 매우 심하다. 말하자면 냉-온탕 겸비인 행성인 셈이다.

그런데 1992년 레이더 관측에 의해 놀랍게도 수성의 북극에서 물과 얼음이 발견되었다. 이 얼음은 혜성의 충돌이나 수성 내부에서 방출되어 생긴 물이 1년 동안 태양광이 닿지 않는 극지방의 크레이터 바닥에 남겨져 있었던 것으로 보인다. 얼음 상태의 물을 보존하는 데는 수성에 공기가 없다는 점이 오히려 도움이 된다. 공기로 인한 열의 전도가 이루어지지 않기 때문이다.

수성의 충돌구는 작은 그릇 모양 구멍부터 수천km에 달하는 충돌 분지까지 매우 다양하다. 또한 생성된 지 얼마 안 된 충돌구에서부터 이미 크게 풍화된 충돌구에 이르기까지 상태들도 다양하다. 수성 표면에서 가장 큰 충돌구는 지름 1,550km인 칼로리스 분지다. 이 분지에 가해진 충격은 매우 강해서 용암이 분출하고, 높이 2km인 동심원 고리가 충돌구를 둘러싼 형태로 퍼져나갔다.

그밖에도 수성의 부분 사진에서 충돌 분지 15개가 확인되었다. 주목할 만한 분지는 폭 400km의 톨스토이 분지다. 베토벤 분지는 분출물 덮개와 비슷한 크기이며, 폭은 625km이다.

한국인의 이름을 딴 크레이터도 있다. 지름 70km가 넘는 '윤선도 크레이터'다. 과거 행성 표면 지형에 이름을 붙일 때 유럽의 유명인사 이름들이 선택되곤 했는데, 20세기 후반 한국도 세계 과학계에서 활발한 활동을 하게 되면서 한국인의 이름이 외계 지명으로 사용되는 사례가 늘어났다. 수성에는 조선 중기를 대표하는 시인이자 정치인인 정철의 이름을 딴 지형도 있다고 한다.

수성은 태양의 강력한 중력에 의해 사로잡힌 조석 고정 상태이기 때문에, 달이 지구에 대해 그렇듯 항상 태양과 같은 면을 마주하고 있다. 그러나 1965년, 레이더 관측으로 3번 자전하는 동안 2번 공전하는 3:2 궤도 공명 효과를 받는 것이 증명되었다.

이것 외에도 수성은 엄청난 비밀을 하나 더 숨기고 있다. 수성 궤도를 수치적으로 시뮬레이트한 결과, 수성 궤도 이심율이 차츰 증가하면 목성과의 궤도 공명으로 앞으로 50억 년 안에 이웃 행성인 금성과 충돌할 것이라는 결과가 나왔다. 50억 년 후면 태양은 생애의 거의 막바지에 달해 적색거성의 단계로 접어들 것이고, 지구는 뜨거운 태양에 달구어져 바다가 모두 증발하고 숯덩이처럼 되어 있을 것이다.

그곳에 외계 생명체가 있을까?
- 185개의 달, 태양계 위성 열전

500개가 넘도록 계속 발견되는 위성들

지구는 위성을 하나 갖고 있지만, 태양계 8개 행성들이 갖고 있는 위성의 수는 모두 얼마나 될까? 놀라지 마시라. 나사와 국제천문연맹(IAU)에 따르면 2018년 9월 현재 태양계 행성 주변을 맴도는 위성은 185개에 이른다. 아니, 어떤 행성이 그렇게나 많은 달을 갖고 있다는 거야?

태양계 행성 중 위성 갑부는 단연 목성이다. 무려 79개를 자랑한다. 그 다음은 토성인데, 위성 수가 62개나 된다. 이 두 행성이 차지하고 있는 위성이 전체의 약 80%에 달하고, 역시 같은 가스 행성인 천왕성이 27개, 해왕성이 14개를 차지하고, 암석으로 된 지구형 행성인 화성은 2개, 지구 1개, 금성과 수성은 하나도 없다. 위성의 차원에서 본다면, 태양계는 부의 편중이 엄청나다는 사실을 알 수 있다. 그렇다면 어째서 이처럼 심한 편중 현상이 나타나게 될 걸까?

이유를 캐보기 전에 일단 위성이란 어떤 존재인가부터 살펴보자. 위성은 어떤 천체와 중력으로 묶여 그 둘레를 공전하는 천체를 일컫는다. 이를 자연 위성이라 하고, 사람이 만들어 궤도에 올린 것을 인공위성이라 한다. 행성만이 위성을 갖는 게 아니라, 명왕성 같은 왜행성도 위성을 가질 수 있으며, 소행성 중에도 위성을 갖고 있는 것이 있다.

왜행성 중 세레스는 위성이 없지만, 명왕성은 카론을 비롯해 5개의 위성을 갖고 있으며, 에리스는 1개, 하우메아는 2개, 마케마케는 1개의 위성을 가지고 있는 것으로 알려졌다. 이들 왜행성, 소행성들이 갖고 있는 위성 수만도 현재 334개에 이른다. 그러니까 현재까지 밝혀진 태양계의 위성 수는 모두 500개가 넘는다는 얘기다.

최근 관측기술이 발달하면서 감자처럼 찌그러진 위성이나 수세미처럼 구멍이 숭숭 뚫린 위성, 물얼음이 덮인 위성 등, 지구의 달과는 다른 다양한 위성들이 무더기로 발견되고 있어, 앞으로 어떤 위성들이 얼마나 더 많이 발견될지는 아무도 모른다. 이들 위성은 그동안 행성에 딸린 '서자' 취급을 받다가 현재는 생명체 서식과 태양계 형성의 비밀을 지니고 있을 가능성이 높아짐에 따라 위성이 천체 연구의 새로운 주인공으로 떠오르고 있다.

지구형 행성에 위성이 드문 이유

지구의 밤하늘에는 달이 하나밖에 없지만, 79개의 위성을 자랑하는 목성의 밤하늘에는 수십 개의 달들이 떠 있는 장관을 이룰 것이다. 물론 토성의 상황도 비슷하지만, 고리까지 두르고 있는 토성의 밤하늘은 더욱 환상적일 게 틀림없다.

행성에 이렇게 위성이 많은 이유는, 행성이 외부에서 작은 천체를 '입양'한 경우가 많기 때문이다. 위성이 태어나는 방법은 크게 두 가지로, 행성이 탄생할 때 남은 찌꺼기가 뭉쳐서 위성이 되거나, 주위를 지나가는 작은 천체를 중력으로 끌어들여 자신의 위성으로 삼는 방법이다.

후자의 경우에는 대개 작은 소행성들이 대상이 되므로 대부분이 작고 찌

그러진 감자 모양을 하고 있으며, 모행성과는 전혀 다른 기울기로 공전한다. 따라서 이런 행성에 사는 사람이라면 달이 북쪽에서 떠서 남쪽으로 지는 광경을 볼 수도 있다. 과학자들은 이런 위성을 '불규칙 위성'이라고 부른다. 현재 전체 위성 중 60%가 넘는 113개가 불규칙 위성으로 분류돼 있다.

대부분의 위성은 지구의 달처럼 중력으로 잠겨 있는 상태로 늘 같은 면을 모행성으로 향하고 있다. 그러나 토성 주위를 불규칙하게 도는 히페리온이나, 행성의 가장 바깥 궤도를 도는 토성의 포에베 등은 예외에 속한다.

그러면 암석형 행성에는 왜 위성이 귀한 것일까? 이유는 태양에 너무 가깝기 때문이다. 위성이 행성에서 너무 멀어지면 궤도가 불안정해져 압도적인 태양의 중력에 붙잡혀버린다. 반대로 행성에 너무 접근하면 중력의 조석효과에 의해 파괴되어버린다. 수성과 금성의 경우, 위성이 수십억 년이나 안정되게 있을 영역은 너무나도 좁기 때문에 행성에 붙잡히는 천체도 없으며, 위성이 형성되기도 어려웠을 것이다.

위성 크기로 서열을 매긴다면…

태양계 위성 중에서 가장 덩치가 큰 것은 어떤 위성이며, 얼마나 클까? 목성의 위성 가니메데가 위성의 왕초다. 지름이 5,262km로, 행성인 수성보다도 8%나 크며, 지구의 달보다는 1.5배 가량 크다. 가니메데는 1610년 갈릴레오 갈릴레이가 자작 망원경으로 발견한 목성 4대 위성 중 하나로, 나머지 셋인 칼리스토, 이오, 유로파 등과 함께 갈릴레이 위성으로 불린다. 이 4대 위성은 태양계의 거대 위성군으로, 다 위성 덩치 랭킹 10위 안에 드는 위성들이다.

태양계 위성들과 달의 크기 비교 (출처/한국천문연구원)

크기로 서열을 매기면 다음과 같다.

1. 가니메데 5,262km 2. 타이탄 5,151km 3. 칼리스토 4,821km 4. 이오 3,122km 5. 달 3,476km 6. 유로파 3,122km 7. 트리톤 2,706km 8. 티타니아 1,580km 9. 레아 1,527km 10. 오베론 1,423km

이 10대 위성 중 우리의 관심을 가장 끄는 존재는 말할 것도 없이 지구의 달이다. 비록 덩치 순위로는 5위에 지나지 않지만, 모행성 대비 크기 비율은 무려 27%에 달한다. 모행성 대비 2위는 트리톤인데, 그래봐야 5.5%에 지나지 않는다. 이런 이유로 달은 위성이라기보다 동반 행성으로 봐야 한다는 주장까지 있다.

이 달이 지구 자전축을 23.5도로 안정적으로 잡아줌으로써 사계절이 생기

토성 위성 엔셀라두스의 얼음 물기둥. 간헐천에서 뿜어져나오는 100개가 넘는 얼음기둥 중 높이가 무려 300km에 달하는 것도 있다. (출처/NASA)

고 지구상에 생명이 서식하게 된 것이다. 이 위성에 인류는 50년 전 첫 발을 내딛었으며, 현재는 중국의 탐사 로버가 최초로 그 뒷면을 탐사하고 있는 중이다.

참고로, 지구의 지름은 12,756km로, 육지는 표면적의 3분의 1을 차지한다. 그러므로 지름이 지구의 약 반인 가니메데의 표면적만 하더라도 지구의 육지 면적과 맞먹는 넓이임을 알 수 있다.

우주생물학자들이 가장 가고 싶어 하는 위성들

현재 과학자들에게 가장 뜨거운 관심을 받고 있는 위성은 토성의 엔셀라두스이다. 토성 탐사선 카시니는 2005년부터 여러 번 엔셀라두스를 접근통과하면서 표면의 세부적인 부분까지 탐사하던 중, 엔셀라두스 남극 지방에서 얼음에 뒤덮인 지표를 뚫고 솟아오르는 물기둥들을 발견했다.

간헐천에서 뿜어져나오는 100개가 넘는 얼음기둥 중에는 높이가 무려 300km에 달하는 것도 있다. 이것은 지하에 거대한 바다가 있음을 뜻하는 증거였다. 카시니가 이 위성 가까이 돌면서 확보한 중력 측정 결과에 따르며, 엔셀라두스 남극에 있는 바다는 얼음 표층으로부터 30~40km 아래에 있으며, 바다의 깊이는 약 10km로, 수량은 지구 바다의 2배로 추정되었다.

이 같은 얼음 행성이 과학자들의 관심을 끄는 것은 태양계 내 생명의 존재를 발견할 확률이 아주 높기 때문이다. 이러한 얼음 행성들은 거의 그 내부에

생명체가 있을 가능성이 높은 목성의 위성 유로파의 상상도. 지구의 2배가 넘는 물을 지닌 유로파는 얼음을 뚫고 물이 200km 높이로 분수처럼 치솟는 현상이 발견되었다. (출처/NASA)

바다를 가지고 있을 것으로 추정되며, 토성과의 강한 중력 상호작용으로 인해 바다는 액체 상태에서 미생물들을 포함하고 있을 것으로 보여지고 있다. 이런 이유로 엔셀라두스는 우주생물학자들의 버킷 리스트 1번에 올랐다.

목성의 위성 유로파에서도 물기둥이 발견되었다. 허블 우주망원경으로 촬영한 유로파의 자외선 방출 패턴을 분석한 결과, 이 위성의 남반구 지역에서 거대한 물기둥 두 개가 각각 200km 높이로 치솟는 현상이 발생하는 것을 포착했다. 이런 물기둥 분출 현상은 특정한 장소에서 일어났으며, 일단 발생하면 7시간 이상 지속되는 것으로 관측됐다.

이 현상은 유로파가 목성에서 멀리 떨어져 있을 때 생겼으며, 목성에 가까이 다가갔을 때는 발생하지 않았다. 이런 점으로 미뤄볼 때 과학자들은 유로파와 목성 사이의 거리에 따라 유로파의 표면에 덮인 얼음이 갈라지면서 일어나는 현상으로 보고 있다. 이는 지구와 달이 서로에게 힘을 미쳐 '밀물-썰물'이라는 현상이 생기듯이, 목성과 힘을 주고받는 유로파 표면의 특정 지역에서 얼음에 틈이 생겨 그 바로 밑 '바다'에 있는 물이 뿜어져나온다는 해석이다. 이러한 이유로 유로파는 태양계에서 생명체가 존재할 개연성이 가장 큰 곳 중 하나로 꼽힌다.

액화 메탄 바다를 가지고 있는 토성의 위성 타이탄도 우주생물학자들이 주시하고 있는 천체 중 하나다. 초기 지구와 비슷한 환경을 가진 타이탄은 지금까지 탐사한 천체 중 여러 면에서 지구와 가장 닮은 천체로, 생명이 서식하고 있을 가능성이 아주 높은 곳으로 간주되고 있다.

타이탄은 지름 약 5,150km로, 목성의 위성 가니메데보다는 작지만 수성보다 크며, 질량도 달의 약 2배나 된다. 또 표면온도가 낮기 때문에 태양계 행성의 위성 중 유일하게 대기를 갖고 있다. 대기의 주성분은 질소이며, 메탄이 액화한 바다를 이루고 있는 것이 카시니 탐사선에 의해 촬영된 바 있다. 타이탄은 어쩌면 미생물을 갖고 있을지 모르며, 적어도 생물 발생 이전의 화학적 상태에 있을 것이라는 점은 분명한 것으로 보인다.

타이탄의 하늘은 메탄과 에탄으로 된 구름으로 뒤덮여 있고, 대기에는 시안화 아세틸렌과 시안산, 프로판 등 갖가지 유기분자도 발견되었다. 따라서 인간이 숨쉴 수 있는 공기 레시피는 결코 아니다. 중력은 지구의 14% 정도

이며, 두터운 구름층으로 인해 방사선은 화성보다 오히려 적다. 또한 다양한 자원을 가지고 있어 에너지를 생산하기는 좋은 환경으로, 이런 여러 가지 이점들 때문에 타이탄은 인류의 미래 식민지로 서서히 부상하고 있는 중이다.

화성의 꼬마 위성 포보스와 데이모스의 미래도 관심의 표적이 되고 있다. 포보스는 태양계 위성들 중 모행성에 가장 가까이 붙어 있으며, 1년에 1cm 꼴로 계속 접근하고 있다. 이 상태라면 5천만 년 뒤에는 화성과 충돌하거나 조석력으로 산산이 부서질 것으로 예상된다. 인류가 이때까지 지구 행성에서 살아 있다면 포보스의 파편을 고리처럼 두른 이색적인 붉은 행성의 모습을 볼 수 있을지도 모른다.

관측-탐사 기술이 발전함에 따라 위성들이 가진 놀라운 비밀들이 속속 밝혀질 것으로 보여, 위성에 관한 인류의 관심은 앞으로 더욱 높아질 것이다.

제9행성은 정말 있을까?

제9행성, '멀고도 고적한 곳'에 있는 작은 천체

지난 몇 년간, 태양계의 가장 바깥쪽 변두리에 새로운 제9행성이 있을 가능성에 대한 이야기들은 과학자들과 일반인들 모두를 놀라게 했다. 그러나 수년간의 연구와 탐색 끝에도 천문학자들은 그 영역에서 새로운 행성을 발견하는 데 실패했다.

과학자들은 지난 수십 년 동안 해왕성 궤도 너머의 태양계를 연구해왔지만, 좀처럼 이렇다 할 만한 성과를 못 내고 있다. 사냥감은 매우 작을 뿐만 아니라 엄청 먼 곳에 있다. 이것이 문제 해결을 어렵게 만들고 있는 주된 이유다.

1930년에 운 좋게 발견된 명왕성 외에, 해왕성 너머 태양계 형성기서 얼어붙은 잔해들로 이루어진 카이퍼 띠에서 최초로 천체를 발견한 1992년까지, 외부 태양계에 대한 천문학자들의 이해는 거의 백지 상태였다.

1980년대부터 1990년대에 걸쳐 몇몇 팀이 가설상의 카이퍼 띠를 확인하기 위해 탐색을 시작했다. 그리고 1992년 8월, 태양에서 멀리 떨어진 소행성 '1992 QB1'이 발견되었다. 후에 소행성 번호 '15760'가 주어졌으나, 정식 이름은 붙지 않고 임시 이름을 그대로 줄여 'QB1'으로 불린다. 고전적 카이퍼 띠 천체(KBO)의 대표적인 그룹인 큐비원족의 이름은 여기서 딴 것이다.

제9행성 상상도. 태양계 가장 먼 변두리에 존재한다고 믿어지는 지구 크기의 10배인 제9행성 (출처/ Caltech, R. Hurt)

그후 다음해인 1993년에는 5개, 그후엔 매년 10개 이상의 KBO가 발견되었으며, 2006년 시점에서 1,000개 이상 발견되었다.

천문학사의 한 획을 긋는 사건이 일어날까?

2003년 천문학자들은 가장 기묘한 eTNO(극단적인 해왕성 횡단 물체)에 속하는 세드나를 발견했다. 세드나는 명왕성 크기의 약 절반이지만 참으로 괴이한 궤도를 도는 천체다. 1만 1,000년 동안(기록된 인류 역사의 2배) 세드나는 76AU(천문단위)에서 900AU 이상 날아간 뒤 다시 돌아왔다.

세드나의 궤도는 너무 이상해서 설명이 필요하다. 거의 행성 크기의 세드나가 어떻게 태양계에서 완전히 방출되지 않은 채 그처럼 극단적으로 길쭉한 궤도를 유지할 수 있을까? 이는 세드나를 끈으로 묶어놓은 다른 무엇이 있다고 해석할 수밖에 없는 것이다.

최근 두 집단의 천문학자 팀이 다른 이상한 eTNO를 발견하기 시작했다. 즉, 비슷한 궤도를 가진 6개의 물체로 이루어진 그룹은 거의 같은 곡률의 타원 궤도를 가졌으며, 그 타원들은 모여 있다. 이는 분명 특이한 현상이다. 우연히 이런 종류의 궤도들이 생겼을 리는 없기 때문이다. 천문학자들이 내놓은 가장 좋은 설명은, 새로운 행성인 제9행성이 그 같은 궤도를 만들고 양치기하듯이 그들을 몰아가고 있다는 것이다. 천왕성의 이상한 궤도를 연구하다가 해왕성을 발견한 것이 그 선례라 할 수 있다. 그래서 해왕성은 종이와 연필로 발견한 행성이라는 평을 들었다.

어쨌든 그후로 밀집한 궤도에서 그 같은 eTNO들이 더 많이 발견되었다. 그러나 제9행성의 문제가 화제가 된 후로는 그런 천체들이 더 이상 발견되지 않았다. 만약 제9행성이 존재한다면 그것은 지극히 작을 뿐 아니라 아주 먼 곳에 있을 것인 만큼 발견하기가 쉽지는 않을 것이다. 만약 발견된다면 그것은 천문학사에 한 획을 긋는 사건이 될 것이다.

지구 종말을 가져올 행성 X가 정말 있을까?

다른 얘기지만, 음모론자들이 지구의 종말을 가져올 거라고 주장하는 행성 X(Planet X)는 아직 발견된 바 없다. 앞으로 발견될 가능성이 있다고 보기도 어렵다. 매스컴에서는 흔히 섞어 쓰지만, 행성 X는 천문학자들이 찾고 있는 제9의 행성과는 다른 개념이다.

행성 X의 존재를 주장하는 음모론자에 따르면, 지금 이 순간에도 은하 저 먼 곳에서 목성 3배 크기인 행성 X가 다가오고 있는 중이라고 한다. 이 행성

X는 자기마당이 강력하여 한 번 태양계에 올 때마다 지구에 대격변을 일으킨다고 한다. 그들은 지금까지 지구의 문명국들을 망하게 한 원인이 3,650년마다 찾아오는 이 행성 X라고 주장한다.

만일 목성 크기의 3배인 행성이 정말 있어서 지구와 태양 사이로 돌입한다면, 그 전에 태양계는 망가지고 지구는 자전과 공전을 멈추게 되며, 인류의 멸종은 피할 수 없게 될 것이다.

행성 X 가설의 창시자 퍼시벌 로웰. 구경 61cm 굴절 망원경으로 관측하고 있다.

2017년에는 영국의 음모론 연구자인 데이비드 미드가 행성 X가 8월 지구와 근접해 인류의 절반이 사망할 수 있다는 주장을 내놨다고 보도되기도 했다. 물론 이 같은 주장의 과학적 근거는 희박하다. 그럼에도 불구하고 이런 음모론이 끊이지 않는 것은, 세상에는 늘 관심을 끌고 싶어 하는 부류가 있게 마련이며, 어떤 경우에는 돈벌이도 되기 때문이다.

행성 X는 고대 수메르인 들의 니비루 신화에서 비롯되었다. 수메르 신화에 따르면 12행성 니비루와 5행성의 충돌로 인해 지구, 달 등이 생겨났다고 한다.

5천만 년 후, 화성도 토성처럼 고리가 생긴다

150년 전 동시 발견된 화성의 두 위성

5천만 년 후면 화성도 토성처럼 고리를 두른 행성이 될 것이라는 예측이 나왔다.

고리의 물질을 제공하는 공급원은 화성의 두 위성 중 덩치가 큰 포보스다. 지름 23km로 8시간마다 화성을 공전하는 이 달은 현재 100년마다 1.8m씩 나선형으로 화성에 추락하고 있는 중이다. 포보스의 궤도는 화성 표면 위 약 5,800km로, 우리 달의 40만km에 비해 모행성에 무척 가까운 편이다.

이처럼 가까운 곳에서 공전하는 포보스는 모행성 화성의 중력으로 인해 끊임없이 조석력을 받음에 따라 점차 화성으로 끌려가고 있다. 그리하여 약 5천만 년 후 포보스가 파괴되어 분해된 작은 파편들은 화성 주위를 두르는 고리가 될 것으로 예상된다.

포보스와 데이모스의 형태는 감자처럼 울퉁불퉁하여 위성이라기보다 소행성과 흡사하다. 천체의 형태를 결정짓는 것은 중력으로, 중력은 중심에서 작용하므로 천체가 공처럼 둥글려면 적어도 지름이 500km는 넘어야 하는데, 화성의 달들은 크기가 너무 작아 중력이 지배적인 힘으로 작용하지 못해 감자꼴이 된 것이다.

이 붉은 행성을 공전하는 두 개의 작은 위성, 포보스와 데이모스는 초기 태양계의 형성에 관한 여러 가지 비밀을 지니고 있는 우주 암석이다. 이들의 출생 비밀은 아직 확실하게 밝혀지진 않았지만, 원래 소행성대에 있었다가 강력한 목성의 인력으로 소행성대를 튀어나와 근처를 지나가던 화성에게 포획되었다는 설이 가장 인정받고 있다.

화성의 위성인 포보스. 화성정찰궤도선(MRO)이 촬영했다. 5천만 년 후엔 화성의 조석력으로 가루가 되어 화성을 두르는 고리가 될 것으로 예상하고 있다. (출처/ HiRISE, MRO, LPL, NASA)

포보스와 데이모스를 발견한 사람은 미해군천문대에서 근무하던 고학생 출신의 천문학자 아사프 홀로, 1877년 8월 며칠 간격으로 두 위성을 발견했다. 1610년 자작 망원경으로 목성

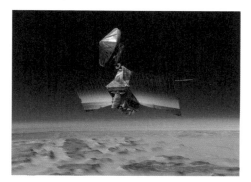

화성 궤도를 돌며 탐사하는 화성정찰궤도선(MRO) 그래픽 (출처/NASA)

의 4대 위성을 발견한 갈릴레오 갈릴레이 이후 약 250년 만에 최초로 지구 외의 위성을 발견하는 기록을 세운 셈이다.

두 위성에는 그리스 신화에 나오는 전쟁신 아레스의 두 아들인 포보스(공포)와 데이모스(패배)라는 이름이 각각 붙여졌다.

서로 다른 운명을 겪을 화성의 두 달

포보스는 지구의 달과 같이 자전주기와 공전주기가 같아서 화성에 대해 항상 같은 면만 향한다. 7시간 40분의 공전주기로 돌고 있는 포보스는 화성의 자전속도보다 빠르게 공전하기 때문에 화성 지표면에서 보면 서쪽에서 떠서 동쪽으로 지며, 데이모스는 30시간 30분의 주기로 돌고 있다.

화성에서 포보스는 지구의 달처럼 보이지 않는다. 더 먼 달인 데이모스는 밤하늘의 별처럼 보인다. 그것이 만월이 되어 가장 밝게 빛나면, 지구상에 보이는 금성과 닮았다.

데이모스는 가장 긴 축이 화성을 향하고 있어서 자전주기와 공전주기가 일치한다. 데이모스의 표면은 회색이며 매우 어둡고 평균 밀도(2g/cm³ 이하)가 낮아 탄소질로 이루어졌음을 알 수 있으며, 우주공간을 떠돌다 화성의 인력에 붙들린 소행성일 수도 있음을 시사하고 있다.

화성으로부터 약 2만 3,000km 떨어진 바깥 궤도를 돌고 있는 데이모스는 포보스와는 반대로 화성에서 점점 멀어지고 있어, 언젠가는 화성의 중력에서 놓여나 외부로 탈출해갈 것으로 보고 있다.

2026년 일본항공우주국(JAXA)은 화성의 위성들을 방문하기 위해 화성 위성 탐사(MMX) 프로젝트를 시작할 계획이다. MMX는 포보스의 표면에 착륙하여 샘플을 채취해 2029년 지구로 돌아올 예정이다.

태양계 여행자의 '버킷 리스트 톱 5'

일상의 답답함을 벗어나기 위해 태양계 여행을 한번 훌쩍 떠나보자. 옐로스톤 국립공원이 지구 행성에서 놀라운 장소이긴 하지만, 태양계 곳곳에 펼쳐져 있는 신비들에 비하면 명함을 내밀기도 쑥스러울 정도다.

목성의 거대한 폭풍인 대적점(大赤點)은 그 크기가 지구를 능가한다. 금성의 표면은 또 어떤가? 한마디로 태양계의 지옥이라는 별명에 걸맞은 곳으로, 500도에 달하는 고온은 납을 녹이는 데 전혀 어려움이 없다. 붉은 행성 화성으로 가보면, 거기에는 태양계에서 가장 높은 산인 올림푸스 몬스가 우뚝 서 있다. 높이는 무려 지구 에베레스트 산의 3배에 달한다. 목성 위성 유로파의 소금물 바다는 또 어떤가? 이 목성의 달에는 거대한 지하 바다가 숨겨져 있는데, 그 물의 양이 지구 바다의 2, 3배에 달하는 것으로 알려져 있다.

이처럼 태양계의 신비와 경이는 끝이 없을 정도다. 여기에서는 태양계 여행자들의 버킷 리스트라 할 만한 태양계의 명소들 다섯 곳을 골라 여행을 떠나본다.

1. 수성의 얼음 크레이터

불타는 태양 곁에 바짝 붙어 공전하는 수성에 얼음 덩어리가 존재하리라고 생각하는 사람은 거의 없을 것이다. 태양의 제1 행성인 수성은 비록 모성

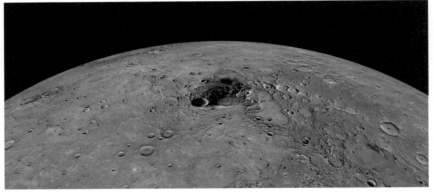
수성의 북극. 거대한 크레이터 안에 엄청난 양의 얼음이 갇혀 있는 것으로 밝혀졌다. (출처/NASA)

의 불길에 바짝 그을린 채 공전하고 있지만, 햇빛이 전혀 들지 않는 극지의 어떤 크레이터들은 놀랍게도 만년빙을 간직하고 있는 것으로 알려져 있다. 생성된 이래 햇빛이라고는 한 줄기도 비치지 않는 이들 크레이터는 영원한 어둠에 뒤덮여 있을 뿐 아니라, 온도는 무려 섭씨 영하 173도까지 떨어진다. 이 크레이터들은 수십억 년 동안 얼음을 간직할 수 있는 완벽한 저장고라 할 수 있으며, 수량은 어쩌면 달에 있는 물보다 더 많을 수도 있다.

2. 금성에는 생명체가 살까?

납을 녹이는 고열의 지옥 같은 금성에 오아시스가 있으리란 생각은 난센스일지도 모른다. 그러나 금성 지표에서 48km 상공이라면 얘기가 좀 달라진다. 두터운 구름층의 그곳은 온도가 온화하고 기압 또한 지구와 비슷하다. 온화한 햇빛과 복잡한 화학적 성분이 유기물질들을 생성할 수 있으며, 미생물이 서식할 수 있는 생명 친화적인 환경을 이룰 수도 있다. 그 아래의 구름층 사정은 별로 좋지 않다. 상당량의 황산이 포함되어 있어 단백질이 존재하기 어렵다. 그러나 지구의 극한 생물들은 그보다도 더 가혹한 환경에서도 생존하고 있다. 얼마 전 금성 구름층에서 생명체 존재를 암시하는 포스핀 가스가 발견되어 이에 관해 열띤 논의가 진행되고 있다.

3. 토성 위성 야누스와 에피메테우스

고리를 두른 아름다운 행성 토성은 기묘한 위성들을 많이 거느린 것으로도 유명하다. 감자처럼 울퉁불퉁하게 생긴 야누스와 에피메테우스라는 두 위성도 그중 하나인데, 모행성에 50km 더 가까운 쪽이 바깥쪽의 위성과 함께 희한하게도 하나의 궤도를 공유하고 있다. 두 파트너는 4년 만에 한 번 만나는데, 먼 쪽 위성이 안쪽 위성을 따라잡아 운동에너지를 교환함으로써 서로 궤도가 바뀐다. 말하자면 중력적인 도시도(do-si-do/등을 맞대고 돌면서 추는 춤)를 추는 것이다. 태양계의 어떤 천체도 이 같은 궤도 교환 메커

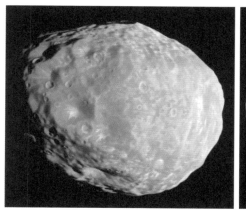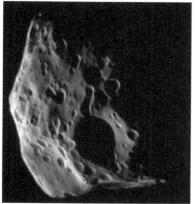

2007년 토성 탐사선 카시니 호가 촬영한 토성의 위성 야누스(왼쪽)와 에피메테우스 (출처/NASA)

보이저 2호가 1986년에 찍은 천왕성의 위성 미란다. 태양계에서 가장 기괴한 표면을 가진 천체다. (출처/NASA)

보이저 2호가 1989년에 찍은 해왕성의 위성 트리톤. 다른 위성의 공전 방향과는 반대 방향으로 도는 역행 위성이다. (출처/NASA)

니즘을 가진 것은 없다. 야누스는 평균 지름이 약 180km, 에피메테우스는 110km이며, 둘 다 비구형이다.

4. 천왕성의 위성 미란다

거대한 얼음 행성 천왕성의 위성 미란다는 동굴 탐험가들의 꿈의 원정지다. 들쭉날쭉 한 표면은 협곡과 가파른 내벽, 계단식 벼랑 등으로 이루어져 있으며, 가장 높은 절벽은 표면으로부터 무려 약 5km나 치솟아 있다. 단연 태양계에서 가장 높은 절벽이다. 미란다의 남반구에는 '경주 트랙'을 닮은 세 개의 커다란 고랑 구조가 있는데, 길이는 200km, 깊이는 20km로, 코로나라고 불린다. 미란다의 지질학적 흉터는 위성 내부에서 흘러나온 얼음이 표면으로 올라와 세차게 긁어버린 때문이라고 과학자들은 생각하고 있다. 훨씬 더 대담한 가설은 거대한 운석 충돌로 위성이 산산조각이 나고 다시 합쳐지는 과정에 극도로 불균일한 표면을 형성하게 되었다고 제안한다.

5. 해왕성의 위성 트리톤

트리톤은 푸른 해왕성의 위성 중 가장 크고 유일한 구형 위성이다. 이 위성이 과학자들에게 주목받고 있는 이유는 여러 특이한 점을 많이 갖고 있기 때문이다. 따라서 과학자들이 탐사선을 보내고 싶어하는 태양계 목록 중 톱을 차지하고 있다. 트리톤의 최대 특징은 행성이나 다른 위성의 공전 방향과는 반대 방향으로 도는 '역행' 위성이란 점이다. 이는 트리톤이 왜행성 명왕성과 같은 족보를 가진 천체일 수 있음을 시사한다. 표면에 솟아 있는 기괴한 얼음 화산도 관심의 초점이다. 지질학적으로 활동 중인 천체로는 태양으로부터 가장 먼 거리의 천체다.

Chapter 3

별이
빛나는 이유

생명의 씨앗은 오래전에 사라진,
첫 세대의 거대한 별들 내부에서 시작되었다.

| 닐 타이슨 · 미국 천문학자 |

별은 왜 '반짝반짝' 빛날까?

별은 '반짝'거리지 않는다

어두운 곳에서 맑은 밤하늘을 올려다보면 별이 반짝거리는 것을 볼 수 있다. 이것은 너무나 낯익은 풍경이라 '반짝반짝 작은 별'이라는 역사상 가장 인기 있는 동요를 탄생시켰다.

하지만 사실 별은 반짝거리지 않는다. 별은 반짝이지 않고 다만 빛날 뿐이다. 우리 눈에 별이 반짝이는 것처럼 보이는 것은 별 자체와는 전혀 상관없는 일이다. 그것은 우리가 지구 행성에 발을 딛고 밤하늘을 볼 때 그렇게 보이는 현상일 뿐이다.

그러면 이 반짝거리는 별하늘 뒤에 숨어 있는 과학은 무엇일까? 별을 반짝거리게 만드는 것은 무엇일까?

밤하늘의 별은 우리에게 늘 하나의 빛점으로 보이는데, 웬만한 대구경 망원경으로 보더라도 마찬가지다. 밤하늘에서 밝게 보이는 별은 대략 태양보다 수십 배 내지 수백 배 큰 별이라 할 수 있는데, 그래봤자 하나의 빛점으로 보일 뿐이다. 이유는 딱 하나다. 별들이 우리로부터 너무나 멀리 떨어져 있기 때문이다.

얼마나 멀리 떨어져 있을까? 지구에서 태양 다음으로 가까운 별은 프록시마 센타우리라는 별인데, 거리는 4.2광년이다. 태양-지구 간 거리 8광

칠레의 아타카마 사막에 있는 전파간섭계 알마(ALMA)의 안테나들 너머로 아름다운 은하수가 흐르고 있다. (출처/ESO)

분(1.5억km)의 무려 30만 배다. 오리온자리의 적색초거성 베텔게우스는 640광년 거리에 있고, 북극성은 430광년이다.

별빛이 이 먼 길을 달려 우리 눈에 도달하기까지 반드시 지구의 대기를 통과해야 하는데, 별이 반짝이는 것처럼 보이는 것은 바로 이 대기의 효과 때문이다. 개울물 아래 있는 돌들을 보면 늘 일렁이는 것처럼 보인다. 별도 역시 일렁이는 대기를 통과하기 때문에 그렇게 반짝거려 보이는 것이다. 그러므로 흔들리는 대기권을 벗어나 우주에서 별을 본다면 별은 전혀 반짝거리지 않는다. 하나의 고정된 빛점으로 그 자리에 붙박혀 있을 뿐이다.

왜 어떤 별은 다른 별보다 더 '반짝'거릴까?

별이 반짝이는 것처럼 보이게 하는 데는 많은 요인들이 영향을 미친다. 한 가지 변수는 우리 시야에서 보이는 별의 위치다.

지구 하늘에서 가장 아름다운 쌍성으로 꼽히는 백조자리 머리 부분의 별 알비레오. 지구에서 385광년 떨어져 있다. 색깔의 대비가 가장 뚜렷한 쌍성 중의 하나이다. (출처/NASA)

　고도가 낮은 수평선 근처의 별이 유난히 더 반짝거리는 것은 별빛이 우리 눈에 도달하기 전에 더 두터운 대기층을 통과하기 때문이다. 여기에는 날씨도 한 역할을 하는데, 습한 밤은 대기층을 더 두껍게 만들어 별이 더 반짝거리는 것처럼 보이게 한다.

　이러한 문제는 천문학자들이 세계에서 가장 크고 최고의 망원경을 배치할 위치를 결정할 때 지침을 제공한다. 천문대를 산꼭대기에 짓는 이유는 되도록이면 흔들리는 대기의 영향을 덜 받기 위함이다. 허블 우주망원경을 궤도로 올린 이유도 마찬가지다. 대기의 난기류에 의해 이미지가 왜곡되지 않는 선명한 이미지를 얻을 수 있기 때문이다. 허블 우주망원경은 가장 어두운 산꼭대기에 있는 망원경보다 6배나 더 어두운 하늘을 볼 수 있다.

　또한 고지대 사막 같은 되도록 건조한 지역에 천문대를 짓는 것은 별과 망원경 사이의 공기를 최대한 제거하기 위해서이다.

　이상적인 장소로는 극도로 건조한 칠레의 아타카마 사막과 하와이의 화산 봉우리, 그리고 스페인 카나리아 제도 등이 꼽힌다. 이러한 장소의 건조하고 희박한 공기는 망원경의 상이 흔들거리거나 반짝거리게 하는 것을 최소한으로 만들어 좋은 이미지를 제공한다.

　밤하늘을 올려다보면 어떤 별은 반짝이면서 다른 색으로 바뀌는 것처럼 보이는 경우도 있는데, 지구 밤하늘에서 가장 밝은 별인 시리우스가 그 대표적인 예다. 이는 별빛이 대기에 의해 약간 굴절되면 색이 변하기 때문인데, 이 같은 효과는 밝은 별에서 더 두드러지게 나타난다.

　'별' 중에는 전혀 깜박이지 않는 것들이 더러 있는데, 그것은 별이 아니라 행성이기 때문이다. 행성은 우리에게 훨씬 더 가까이 있어 크게 보이기 때문에 약간 대기 굴절을 겪더라도 반짝거리는 현상은 나타나지 않는다.

별의 나이는 어떻게 알아냈을까?

무거운 별일수록 수명은 짧아진다

별이 영원의 상징처럼 보이는 것은 그 장대한 수명 때문이다. 인간은 기껏 살아야 100년 안팎이지만, 태양 같은 별은 100억 년을 거뜬히 산다.

별은 질량이 작을수록 오래 산다. 무거운 별은 중심핵의 압력이 매우 커서 수소를 작은 별보다 훨씬 빨리 태우기 때문에, 질량이 큰 별일수록 수명은 기하급수적으로 짧아진다.

대략 질량이 태양의 5배, 10배 정도인 별은 수명이 길어야 1억 년, 짧으면 3천만 년이다. 하지만 질량이 태양의 반이면 500억 년 이상, 10분의 1 정도면 5천억 년이나 빛날 수 있다. 138억 년 전에 일어난 빅뱅 직후 이만한 별이 탄생했다면 지금까지 거뜬히 살아 있다는 뜻이다. 더욱이 적색왜성처럼 질량이 아주 작은 별은 연료를 매우 느리게 태우므로 수백억 년에서 수천억 년까지 산다. 인간의 척도로 보면 거의 영원이라 할 만하다.

우리은하 내 별들의 나이는 대부분 1억 살에서 100억 살 사이이다. 일부 별은 우주의 나이와 비슷한 138억 살에 근접하기도 한다.

가장 나이 많은 별은 136억 살 므두셀라 별

현재까지 우주에서 가장 나이 많은 별로 밝혀진 것은 136억 살이 넘는

우주 최고령 별인 므두셀라. 136억 살이 넘는다. 처녀자리 옆 천칭자리 방향으로 약 190광년 떨어진 곳에 위치하고 있다. (출처/Digitized Sky Survey)

7.2등급 므두셀라(Methuselah)라는 별이다. 공식 명칭이 HD 140283으로 불리는 이 별은 처녀자리와 전갈자리 사이에 자리잡은 황도 제7자리인 천칭 자리 방향으로 약 190광년 거리에 있다.

표면온도가 약 5,500도로 태양과 거의 비슷한 이 별은 현재 초속 169km 의 속도로 지구 쪽으로 가까워지고 있으며, 동시에 우리은하 속을 초속 361km의 속도로 이동하고 있다.

이 별을 항성에 포함된 금속의 양과 표면온도 수치로 계산한 결과, 나사는 우주 초창기에 형성된 최고령의 이 별에 성경에서 가장 장수한 인물로 나오 는 므두셀라를 가져와 '므두셀라 별'이라는 별명을 붙였다.

별의 구성 원소비가 별의 나이를 말한다

화석의 연대를 측정하는 것이 진화 연구에 핵심인 것처럼, 항성의 나이를 파악하는 것은 천문학에서 중요한 문제다. 그렇다면 천문학자들은 이 같은 별의 나이를 대체 어떻게 알아내는 걸까?

과학적으로 별의 나이를 측정하는 방법은 크게 두 가지가 있다. 별의 색을 분석하는 방법과 별빛의 스펙트럼을 분석하는 방법이 그것이다. 붉은색을 띠는 별일수록 온도가 낮고 무거운 원소를 많이 포함하고 있으며, 나이가 많은 것으로 해석된다. 푸른색은 그 반대다. 별은 태어난 처음에는 청색 계열의 색상을 지니고 있지만, 늙어감에 따라 점차 흰색, 황색, 주황색, 붉은색 순으로 바뀌어간다.

항성이 태어날 때의 구성비는 대체로 70%의 수소, 28%의 헬륨, 그리고 나머지 2%는 헬륨 이후의 중원소로 되어 있다. 무거운 원소의 비율은 통상적으로 항성 상층부 대기 내에 포함된 철의 함유율로 표시하는데, 이는 철이 상대적으로 흔한 원소이자 스펙트럼상의 흡수선이 강하게 나타나서 측정하기 쉽기 때문이다.

별의 분류에는 매우 뜨거운 O형부터 상층 대기에 분자가 생성될 수 있을 정도로 차가운 M형까지 스펙트럼에 따라 항성을 나누는 여러 기준이 있다. 가장 많이 쓰이는 분류 기호는 O·B·A·F·G·K·M으로, 표면온도가 뜨거운 것에서 차가운 순서에 따라 7개로 구별한 것이다. 우리 태양은 G2형의 노란색 별이다. 천문학과 학생들은 별의 분광형을 "Oh, Be A Fine Girl, Kiss Me"라고 외운다.

스펙트럼 분석법은 별의 구성성분을 통해 나이를 분별하는 방법이다. 생

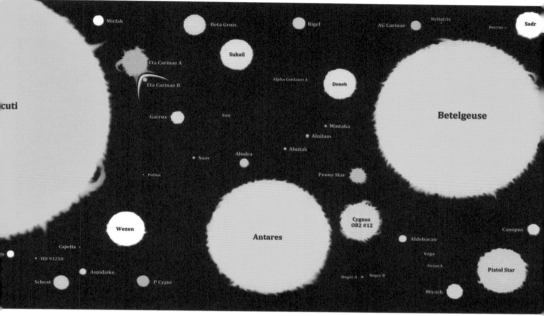

잘 알려진 별들의 겉보기 색과 크기. 태양(Sun)은 가운데 있는 점이다. 별은 클수록 수명이 기하급수적으로 줄어든다. (출처/wiki)

성된 후 얼마 지나지 않은 별에는 수소(H) 성분이 많고, 시간이 흐르면 헬륨 성분이 많아진다는 점을 감안한 것이다. 특히 산소나 철, 칼슘, 규소 등 산소보다 무거운 원소들의 존재가 다량 확인된다면, 이는 사실상 생명이 거의 다 해가는 별이라고 할 수 있다.

별의 최후는 그 질량에 따라 나뉘는데, 태양처럼 중간치 별은 백색왜성으로 짜부라드는 반면, 태양보다 10배 이상 무거운 별은 장대한 초신성 폭발로 생을 마감한다.

별의 자전, 지진으로 나이를 측정한다

별은 시간이 지남에 따라 밝기와 색상이 미묘하게 변한다. 매우 정확한 측정을 통해 천문학자들은 별에 대한 이러한 측정을 별이 나이가 들수록 어떻게 되는지 예측하고, 거기에서 나이를 추정하는 수학적 모델과 비교할 수 있다.

별은 빛날 뿐만 아니라 자전도 한다. 시간이 지남에 따라 자전 속도는 느려진다. 이는 회전하는 바퀴가 마찰에 의해 속도가 느려지는 것과 비슷하다. 천문학자들은 서로 다른 연령의 별들의 자전 속도를 비교함으로써 자이로 연대학(Gyrochronology)이라고 알려진 방법으로 별의 연령에 대한 수학적 관계를 만들어냈다. 이로써 천문학자들은 10%의 오차로 항성의 연대를 측정할 수 있게 되었다.

별의 자전은 또한 강력한 자기장을 생성하고 별 표면에서 발생하는 강력한 에너지 폭발인 항성 플레어와 같은 자기 활동을 생성한다. 별의 자기 활동이 꾸준히 감소하는 것도 별의 나이를 추정하는 데 도움이 될 수 있다.

별의 나이를 결정하는 더 발전된 방법은 성진학(Asteroseismology)으로, 주파수 분광의 상호작용에 의한 맥동하는 별의 내부 구조를 연구하는 과학이다. 천문학자들은 별 내부를 통과하는 파동에 의해 발생하는 별 표면의 진동을 연구한다. 젊은 별은 늙은 별과 다른 진동 패턴을 가지고 있다. 천문학자들은 이 방법을 사용하여 태양의 나이를 45억 8천만 년으로 추정했다.

200만 년 후 '지구 손님' 맞는 알데바란

초저녁에 뜨는 '황소의 눈' 알데바란

봄철에 해 지고 어두워지면 북서쪽 하늘에 주목해야 할 별 하나가 뜬다. 바로 황소자리 알파별 알데바란이다. 한 해를 시작하는 첫 초저녁이 황소자리를 보면서 시작된다고 한다.

적색거성 알데바란은 그 오른쪽의 오리온자리를 향해 치받을 듯이 돌진하는 황소의 머리 부분에 자리잡고 있어 예전부터 서구권에서 '황소의 눈'으로 불렸다.

이 알데바란이 인류의 눈길을 끄는 것은 머지않은 장래에 행성상 성운으로 폭발할 적색거성이란 점도 있지만, 그보다는 앞으로 약 200만 년 후 우리가 날려보낸 파이어니어 10호가 이 별을 방문한다는 사실이다.

외계 지성체에게 보내는 메시지가 담긴 금속판을 달고 1972년에 지구를 떠난 파이어니어 10호는 52년이 지난 현재 지구로부터 132AU 떨어진 심우주를 초속 12km의 속도로 주파 중이다.

인류의 우주 척후병 파이어니어 10호는 2003년 1월 마지막 교신을 끝으로 통신이 두절되었으며, 2006년 3월 최종 교신을 시도했으나 파이어니어 10호로부터 아무런 응답이 오지 않음으로써 이날로 정식 '영면'에 들어간 것으로 기록되었다.

히아데스 성단 내 알데바란(오른쪽 아래). 왼쪽 위에 보이는 푸른 별무리가 플레이아데스 성단이다. (출처/NASA)

하지만 파이어니어 우주선은 태양계에서 인류의 존재를 나타내는 증표이며, 우리가 더 이상 명령을 보내지 않더라도 우주선은 여전히 심우주 여행을 계속한다. 일단 우주선이 태양계 밖으로 진출한 이후에는 물리 법칙에 따라 어떤 외부의 힘이 진로를 바꾸지 않는 한 그 여정은 영원히 멈추지 않는다.

알데바란은 어떤 별인가?

알데바란은 황소자리에서 가장 밝은 알파별인 동시에 밤하늘 전체에서 14번째로 밝게 보이는 항성이다. 히파르코스 위성이 측정한 바에 따르면, 우리로부터 약 65광년 떨어져 있다. 그 밝기는 0.75~0.95등급 사이에서 천천히 변하는 변광성이다.

전통적 명칭 알데바란(Aldebaran)은 '뒤따르는 자'라는 뜻의 아랍어 알 다바란(al Dabarān)에서 온 단어로, 이런 이름이 붙은 이유는 알데바란이 플레이아데스 성단을 뒤따르는 것처럼 보이기 때문이다.

알데바란은 밝은데다 눈에 잘 띄는 별자리들 근처에 있기 때문에 밤하늘에서 찾기가 아주 쉬운 항성들 중 하나이다. 오리온의 허리띠에 해당되는 세 별로부터 시리우스의 반대 방향으로 선을 연장하면 가장 먼저 만나는 밝은 별이 알데바란이다.

알데바란은 우연히도 지구와 히아데스 성단 사이의 시선 방향에 놓여 있어 이 산개성단에서 가장 밝은 구성원처럼 보인다. 그러나 황소의 머리 부분을 차지하는 히아데스 성단은 알데바란보다 두 배 이상 먼 곳인 150광년 거리에 있어 중력적으로 알데바란과 아무 관련 없는 천체이다.

알데바란의 표면온도는 3,900K로 태양보다 2,000도나 차갑지만, 반지름이 무려 태양의 44배나 되기 때문에 전체 광도는 태양의 400배 이상 된다. 그러나 질량은 태양의 1.16배에 지나지 않는다. 나이는 태양보다 약간 많은 64억 년이다.

200만 년 후의 알데바란은?

파이어니어 10호가 200만 년 후 알데바란에 도착할 무렵이면 이 적색거성은 과연 어떤 모습일까? 그때가 되면 알데바란이 별로서의 생애를 마감했을지도 모르며, 초신성 폭발로 인해 그 근처에서 외계 생명체를 만나는 것은

알데바란과 태양의 크기 비교 (출처/wiki)

거의 불가능할 것이다.

적색거성인 알데바란도 예전에는 평범한 별로 보통 별처럼 행동했다. 곧, 내부에서 수소원자를 헬륨원자로 융합하면서 만들어낸 핵에너지로 자신을 밝혔으며, 주변의 외계행성에게 에너지를 나누어주었다. 그러나 내부의 수소는 어느덧 바닥이 나고 헬륨만 연료로 남은 상태다.

이런 별은 생애의 마지막 순간에 내부에서 더 많은 에너지를 만들어내고 몸피가 부풀어오르게 된다. 알데바란도 이런 과정을 거쳐 커지고 붉어져 지금처럼 우리 눈에 잘 띄는 적색거성이 된 것이다. 그리고 팽창이 극한에 이르면 겉층을 우주공간으로 방출해버리고 별의 속고갱이만 남아 백색왜성으로 변신한다.

방출된 겉층은 성운이 되어 둥글게 우주공간으로 퍼져나가는데, 망원경이 없던 시절에 그것을 보면 마치 행성처럼 보여 행성상 성운이란 이름을 얻었지만, 사실 행성하고는 아무런 관계도 없는 죽은 천체이다.

우리 태양도 앞으로 약 60억 년 후면 알데바란이 간 길을 따라갈 예정이다. 태양이 팽창하여 행성상 성운이 된다면 가까운 수성과 금성은 태양에 먹혀버릴 것이고, 지구의 운명은 금성처럼 태양에 먹힐지, 아니면 궤도가 더 멀리 밀려나 파국을 모면할지 알 수 없다.

하지만 걱정할 필요는 없다. 정말 까마득한 미래의 일이니 말이다. 그때쯤이면 지구는 너무 뜨거워져 어차피 생명이 살 수 없는 행성이 되어 있을 것이다. 파이어니어 10호도 이미 오래전에 알데바란을 스쳐지났을 거고 말이다.

알데바란은 천천히 자전하고 있으며, 한 번 도는 데 520일이 걸린다. 그리고 목성 질량 6배에 이르는 행성 알데바란 b를 거느리고 있다. 1998년에 발견된 이 외계 가스행성은 자신이 공전하는 별의 임종을 지키며 살아남았다.

이 행성을 공전하는 달이 있을는지는 알 수 없다. 파이어니어 10호가 영면에 들지 않았다면 발견할 수도 있을 텐데 아쉽게 되었다. 혹 누가 알겠는가? 그 위성에 지성체가 살고 있어 별이 죽을 때 어떤 모습이었는지 우리에게 알려줄는지.

태양계를 탈출한 인류의 메신저

파이어니어 10호가 날아간다. 지구에서 200억km 떨어진 캄캄한 우주공간을 헤치며 홀로 나아간다. 태양을 등지고, 그가 떠났던 고향 지구를 등지고, 태양계 바깥의 저 무한 공간을 향하여.

25년 전 지구를 떠난 그는 먼저 목성을 지나고, 그로부터 10년 뒤에는 다시 해왕성, 명왕성을 지나, 태양계 바깥 은하 저쪽으로 날아갔다. 지구와의 교신마저 끊어진 채 10만 광년 은하수 저편으로 아득히 사라져갔다. 얼레줄 끊어진 유년의 연처럼, 또는 영겁 속의 한 개 나사못처럼.

인류가 만든 물건으로서 최초로 태양계를 탈출해 용감하게 은하 저쪽의 성간 공간으로 진출한 파이어니어 10호는 3만 년쯤 후에는 황소자리의 붉은 별 로스 248 별을 스쳐 지나고, 27만 1,000년 후에는 프록시마 센타우리 별에 도착하며, 또 100만 년 동안 10개의 별을 더 지날 것이다. 그리고

성간 공간에 진출한 파이어니어 10호. 몸통에 외계인에게 보내는 인류의 메시지를 담은
금속판을 부착했다. (출처/wiki)

200만 년 후에는, 그때까지 행성상 성운 폭발을 겪지 않았다면 알데바란에
최근접하는 곳에 도달할 것이다.

그러고도 아직 더 날아야 할 우주가 남아 있을까? 사람의 손에서 떠나간
이 최초의 신(神)을 향한 메신저는 까마득한 우주 어느 언저리에서 어떤 모
습으로 잠들까?

북극성은 세 개의 별이다

5,000년 전엔 용자리 알파별 투반이 북극성

북극성과 그 주변 풍경을 담은 고해상도의 이미지를 보면, 특이한 형태의 성운이 북극성을 포위하듯이 둘러싸고 있는 모습을 볼 수 있다.

통합 플럭스 성운(IFN, Integrated Flux Nebula)이라고 불리는 성운이 둘러싸고 있는 북극성의 이미지는 우리가 알던 북극성의 풍경과는 사뭇 달라 우리의 눈길을 잡는다.

먼저 북극성에 대해 간단히 설명하자면, 작은곰자리의 알파별인 북극성은 지구 자전축을 북쪽으로 연장했을 때 만나는 2등성 별이다. 이 별은 공교롭게도 지구의 자전축이 가리키는 정북 방향에 딱 자리잡고 있어 밤하늘의 모든 별들이 부동의 북극성을 중심으로 회전하는 것처럼 보인다.

이처럼 북극성 자체는 항상 같은 북쪽 방향에 머물기 때문에 북극성이라고 칭하게 되었지만, 엄밀히 말해 북극성은 고유명사가 아니라 일반명사다. 영어로는 폴라리스(Polaris), 우리 옛이름은 구진대성(句陳大星)이라 한다.

지금부터 5,000년 전에는 용자리 알파별인 투반이 북극성이었다. 지구의 세차운동 탓에 지구 자전축이 조금씩 이동한 때문이다. 지구의 자전축은 우주공간에 확실히 고정되어 있지 않고 약 2만 6,000년을 주기로 조그만 원을 그리며 빙빙 돈다. 지금 북극성도 조금씩 천구북극에서 멀어져가고 있어, 약

북극성과 그 주위 하늘을 둘러싸고 있는 통합 플럭스 성운(IFN) (출처/wiki)

1만 2,000년 뒤에는 거문고자리 알파별인 직녀성(베가)이 북극성으로 등극할 거라 한다.

그러면 남극성은 무엇일까? 현재로는 없다. 밝은 별이 지구의 남쪽 자전축 근처에 없기 때문에 현재 밝은 남극성은 없다.

북극성을 찾으면 알게 되는 것들

북극성은 하늘에서 가장 밝은 별은 아니지만, 북두칠성 됫박 부분의 두 별 메라크와 두베 사이의 선분을 5배 가량 연장하면 북극성에 닿는다.

북극성의 진면목을 좀 살펴본다면, 놀라지 마시라. 밝기가 태양의 2,000배인 초거성이자, 동반별 두 개를 거느리고 있는 세페이드 변광성이자

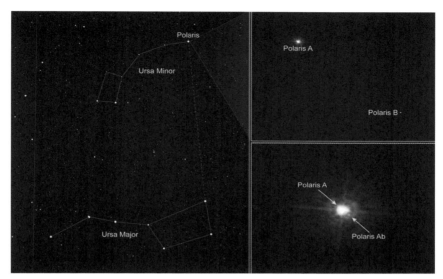

북극성은 세 별로 이루어진 삼중성계이다. (출처/wiki)

삼중성계이다. 그러니 세 별이 하나처럼 보이는 것이다. 가장 밝은 주인별 폴라리스 Aa는 초거성이며, 동반천체 폴라리스 B, 폴라리스 Ab를 거느리고 있다. 이들로부터 떨어진 곳에 동반천체 폴라리스 C, 폴라리스 D가 있는데, 이 둘은 1780년 윌리엄 허셜이 발견했다.

북극성처럼 수축과 팽창을 반복해 밝기가 변하는 세페이드 변광성은 지구에서 해당 천체까지의 거리를 알 수 있게 해주는 표준광원이다. 북극성까지의 거리는 약 430광년이다. 오늘 밤 당신이 보는 북극성의 별빛은 조선의 임진왜란 때쯤 출발한 빛인 셈이다.

또 하나. 지금 당신이 북극성을 올려본각이 바로 당신이 서 있는 곳의 북위이다. 서울에서 보는 북극성의 올려본각이 약 38도라면, 서울이 북위 38도

북두칠성과 북극성을 가리키고 있는 별지기. 포르투갈의 알키바 별빛보호구역에서 찍었다. (출처/Miguel Claro)

란 뜻이다. 그러니 북극성만 찾을 수 있다는 당신이 지구상 그 어디에 있든 방위와 위도를 알 수 있다는 뜻이다. 옛사람들은 북극성이 북으로 갈수록 높아지는 것을 보고 지구가 구형임을 깨달았다.

나사가 쏘아보낸 비틀즈의 '우주를 넘어서'

2008년 2월 4일, 나사는 창립 50주년을 기념해 비틀즈의 히트곡인 '우주를 넘어서(Across the Universe)'를 작은곰자리의 북극성을 향해 쏘아보냈다. 이 노래는 비틀즈의 존 레논이 작곡한 곡으로, 나사 국제우주탐사망(DSN)의 거대한 안테나 3대를 통해 동시에 발사되었다.

'현자여, 진정한 깨달음을 주소서'라는 존 레논의 염원을 담은 이 노래는 빛의 속도로 날아가 북극성에 도착할 것이다. 16년 전 일이니까, 지금쯤은 총 여정의 3%쯤 날아갔겠다. 만약 북극성 근처에 외계인이 살고 있어 그 노래에 대한 답장 노래를 보낸다면 우리는 약 1,000년 후 그들의 음악을 들을 수 있을 것이다.

자, 오늘밤에는 마당에 나가 북녘 밤하늘에서 북극성을 한번 찾아보자. 매연과 잡광으로 뒤덮인 서울 같은 대도시에서는 북극성 별빛이 당신에게까지 달려오지 않겠지만, 조금만 변두리라면 북천 별밭에서 쉽게 그 얼굴을 드러낼 것이다. 그리고 지금 당신이 서 있는 지점의 위도와 방위를 가르쳐줄 것이다. 또 모를 일 아닌가, 그 별이 혹 당신이 사막이나 깊은 산속 그 어디에선가 조난당했을 때 당신에게 생명의 빛이 되어줄는지도.

그런 마음으로 북극성을 바라본다면, 이제 그 별은 예전에 보던 별과는 달리 당신에게 더욱 친숙하게 다가옴을 느낄 것이다.

중력이 만든 '우주의 미소'

100여 년 전에 발표된 앨버트 아인슈타인의 일반 상대성 이론은 중력 렌즈 현상을 예측했다. 강력한 중력이 뒤쪽에서 오는 빛을 휘어지게 하여 렌즈처럼 기능할 것이라는 예견이다. 그리고 이것이 바로 이 먼 은하에 X선 망원경과 찬드라 및 허블 우주망원경의 광학 이미지 데이터를 통해 볼 수 있는 기발한 모습을 주는 이유이다.

체셔 고양이 은하단이라는 별명이 붙은 은하단에 있는 두 개의 큰 타원은하는 호처럼 보이는 거대한 빛의 테두리로 둘러싸여 있다(체셔 고양이는 루이스 캐럴의 소설 〈이상한 나라의 앨리스〉에 나오는 가공의 고양이). 호는 시선 방향에서 앞쪽에 있는 천체의 중력이 빛을 휘어지게 하는 중력 렌즈 현상에 의해 만들어진 먼 배경 은하의 광학 이미지이다.

물론 그 중력 질량은 대부분 암흑물질이다. 두 개의 큰 타원 '눈' 은하는 병합이 진행되고 있는 자체 은하군에서 가장 밝은 구성원이다.

이들의 상대적인 충돌 속도는 거의 초속 1,350km로, 서로 충돌하면서 가스를 수백만 도까지 가열하여 보라색으로 표시된 X선 광선을 방출한다. 체셔 고양이 은하단은 지구로부터 약 46억 광년 떨어진 큰곰자리에서 미소를 짓고 있다.

중력 렌즈가 만들어낸 마술, '우주의 미소'. 거대한 호는 중력 렌즈 현상에 의해 만들어
진 먼 배경 은하의 광학 이미지다. (출처/X-ray-NASA)

별들은 왜 그렇게 서로 멀리 떨어져 있을까?

별 사이의 평균 거리는?

우리은하에는 별(항성)이 몇 개나 있을까?

예전에는 대략 1천억 개쯤 있으리라 생각했지만, 최근에는 대략 4천억 개의 별들이 있는 것으로 보는 것이 대세다. 지금 지구상에 바글바글 사는 인류가 모두 약 80억이라는데, 우리은하에 저 태양 같은 별이 4천억 개나 있다니, 참으로 놀라운 일이고 어마어마한 숫자다.

나선은하인 우리은하는 지름 10만 광년, 두께는 1만 2,000광년의 둥근 디스크 형태를 하고 있다. 이 부피 안에 4천억 개의 별들이 퍼져 있는 셈인데, 천문학자들은 우리은하의 빈 공간을 감안해서 별 사이의 평균 거리를 약 3~4광년 정도로 보고 있다.

지구에서 가장 가까운 별은 물론 태양이다. 하지만 우리에게는 태양이 별이란 느낌이 별로 없다. 우리 삶에 너무나 직접적인 영향을 미치는 특별한 천체이다 보니 그런 듯하다. 우리는 보통 태양이 지고 캄캄해진 밤하늘에 반짝이는 빛점들을 별이라고 생각한다. 하지만 태양은 엄연히 별이다. 그래서 미국의 시인 데이비드 소로는 "태양은 아침에 뜨는 별이다"라고 표현했다.

우리 별 태양은 지름이 지구의 109배, 질량은 130만 배나 된다. 그래도 태양이 별 중에서도 대략 크기가 중간치에 속한다니, 별이란 존재는 이처럼 지구와는 비교가 되지 않을 정도로 큰 천체다. 별 자체는 지구에 비하면 압도적으로 크고 무겁고 밝은 존재지만, 별과 별 사이는 빛으로도 3~4년이 걸릴 만큼 엄청나게 멀리 떨어져 있는 것이다.

지구에서 가장 가까운 별, 프록시마 센타우리

그러면 태양을 제외하고 지구에서 가장 가까운 별은 무엇일까? 남반구 하늘의 센타우루스자리 프록시마란 적색왜성으로서, 프록시마 센타우리라고도 불린다.

프록시마와 함께 3중성계를 이루는 센타우루스자리 알파, 베타별은 태양계에서 가장 가까운 항성계로, 거리는 4.37광년이다. 그중 센타우루스자리

센타우루스자리 알파 B별의 상상도 (출처/ESO)

알파별은 천구에서 네 번째 밝은 별이지만, 사실은 쌍성계로 센타우루스자리 알파 A, 센타우루스자리 알파 B로 이루어져 있다.

우리가 프록시마가 지구에서 가장 가깝다는 사실을 안 것도 사실 그리 오래 된 일이 아니다. 맨눈으로는 보이지 않을 정도로 어두운 별이기 때문이다. 밤하늘에서 우리가 맨눈으로 볼 수 있는 별 밝기의 하한선은 6등급인데, 프록시마는 그보다 100배나 어두운 11등급 어름의 적색왜성이다. 크기는 우리 태양의 7분의 1밖에 되지 않는다.

프록시마 센타우리가 발견된 것은 1915년으로, 스코틀랜드 천문학자 로버트 이네스(1861~1933)가 망원경으로 발견했다. 이네스는 이 별이 지구에서 가장 가까운 별임을 밝혀내고는 '프록시마(Proxima)'라 부르자고 제안했다. 이는 라틴어로 '가장 가깝다'는 뜻이다.

사실 프록시마가 원래 알파 센타우리 다중성계에 속한 별인지, 아니면 우연히 지나가다 근처에 있게 된 별인지도 확실히 밝혀지지 않았는데, 2016년에 이르러서야 프록시마가 알파 센타우리로부터 약 1만 2,950AU(약 2조 km) 떨어져 있으며, 55만 년을 주기로 공전하고 있다는 사실이 밝혀졌다.

어쨌든 이 프록시마가 태양을 제외하고는 지구와 가장 가까운 별인데, 거리는 4.22광년이다. 이 거리는 미터법으로는 약 40조km에 이르며, 태양-지구 간 거리의 27만 배, 태양-해왕성 간 거리의 9,000배에 이르는 엄청난 간격이다.

별까지 가려면 얼마나 걸릴까?

자, 그러면 이것이 얼마만큼 먼 거리인지 상상력을 발휘해 체감해보도록 하자.

먼저 이 거리를 시속 4km 속도로 걸어서 간다면 약 11억 4천만 년이 걸린다. 사람이 100년을 산다고 보면 약 1,100만 명이 릴레이로 걸어가야 한다는 뜻이다.

시속 100km의 차로 달린다면 그보다는 좀 빠르게 4,550만 년이면 갈 수 있다. 제트기를 타고 날아가면 약 500만 년이 걸리고, 지금도 심우주의 성간 공간을 초속 17km로 날고 있는 보이저 1호를 집어타면 7만 년 남짓 걸린다. 왕복이면 14만 년이다. 이것이 인류가 우주의 다른 별로 이주해갈 수 없는 이유이며, 우리가 외계인을 만날 수 없는 이유다.

우주에서 가장 빠른 것, 곧 빛을 타고 가면 4년하고도 3개월이 걸리고, 왕복이면 8.5년이 걸린다. 빛이 이웃 별에 마실갔다 오는 데도 이만한 시간이 걸린다니, 빛도 우주의 크기에 비하면 거의 굼벵이 수준이다.

프록시마와 알파 센타우리 다음으로 가까운 별은 5.96광년의 바너드라는 적색왜성이며, 그 다음은 7.78광년의 볼프 359별로 역시 적색왜성으로 맨눈에는 보이지 않는 어두운 별이다.

태양에서 5번째로 가까운 별은 시리우스로, 8.6광년이다. 이 별은 전천에서 태양 다음으로 가장 밝은 별로 −1.5등성이다. 큰개자리의 알파별인 시리우스는 서양에서는 개별(Dog Star)이라 하고, 동양에서는 늑대별(天狼星)이라 불렀다. 늑대 눈처럼 시퍼렇게 보이는 시리우스는 사실 쌍성으로, 그 중 밝은 별은 태양보다 23배 더 밝다.

허블 우주망원경이 찍은 시리우스 A와 동반성인 백색왜성 시리우스 B(왼쪽 아래). 두 별은 서로의 둘레를 50년 주기로 공전한다. (출처/NASA)

그렇다면 별들은 왜 이렇게 서로 멀리 떨어져 있는 걸까? 아직까지 어떤 천문학자도 이에 대해 깊이 연구한 이론을 발표한 적이 없다. 이상하게도 별들 사이의 거리가 과학자들에게 별다른 관심을 불러일으키지 못한 모양이다. 다만 〈코스모스〉의 저자이자 천문학자인 칼 세이건이 별 사이의 거리에 대해 언급한 말이 있을 뿐이다.

"별들 사이의 아득한 거리에는 신의 배려가 깃들어 있는 듯하다."

별들 사이의 이 아득한 거리는 결국 우주가 설계한 것이라고밖에 볼 수 없다. 아마도 별들이 이보다 더 가까이나 또는 멀리 있다면 별들의 충돌이 다반사가 되거나 은하가 흩어져버려 우리 인간이 우주에 나타나지 못했을지도 모른다.

그래서 우주에서 수시로 은하들이 충돌하더라도 별들 사이의 간격이 너무나 넓어 별들은 거의 충돌하는 일 없이 부드럽게 비켜나간다. 우리 태양계 역시 별들 사이의 거리가 아득히 먼 덕분에 존재할 수 있었을 거라고 생각한다. 그러므로 별들이 저렇게 멀리 있다고 불평하지 말자. 우주의 배려에 감사하자.

우주에서 가장 큰 별 '스티븐슨'

'크기'에 대한 우리의 우주적인 감각을 한번 가다듬어보는 것도 재미있고 뜻깊은 일이겠다.

먼저 우리 주변에서 가장 큰 물건을 든다면, 단연 태양이다. 80억 인구가 모여 사는 지구에 비해 109배나 큰 지름을 갖고 있으며, 부피는 130만 배에 이른다. 태양이 태양계를 지배한다는 표현이 어색할 정도로, 태양계에서 태양은 절대적인 존재다. 전체 태양계 천체들의 질량 중 무려 99.86%나 차지하니 말이다.

이런 태양도 은하와 우주로 데리고 나가면 난쟁이에 지나지 않는다. 그만큼 우주에는 엄청나게 큰 별들이 수두룩하다. 밤하늘에 보이는 별이라면 일단 태양보다 수십 배 이상 큰 별이다. 이런 엄청난 크기의 별들을 초거성이라고 하는데, 우리에게 친숙한

가운데 제일 밝고 붉게 빛나는 별이 스티븐슨 2-18. 위에 여러 개의 별이 밝게 빛나는 것은 스티븐슨 2 성단이다. (출처/wiki)

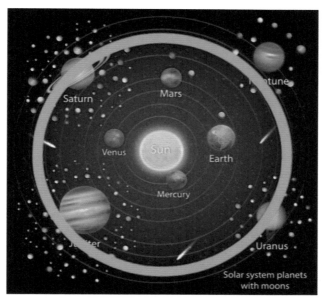

우주 최대의 별 스티븐슨 2–18을 태양 자리에 놓으면 토성 궤도를 추월한다.

오리온자리의 초거성 베텔게우스만 하더라도 지름이 태양의 1,000배를 훌쩍 넘는다. 만약 이 별을 태양 자리에다 끌어다 놓는다면 크기가 거의 목성 궤도에 육박한다.

그런데 이런 베텔게우스를 조무래기 취급할 만한 별들도 드물지 않다. 큰 개자리에서 발견된 큰개자리 VY(VY Canis Majoris)는 2020년 관측 결과 태양의 2,069배로 확인되었다. 이는 토성의 궤도를 넘어서는 크기다. 관측 사상 가장 큰 별로 알려진 적도 있으나, 더 정교한 관측 결과 반지름은 예전 측정치보다 많이 줄어들었다. 지구로부터 약 3,900광년 떨어져 있다.

태양과 스티븐슨 2-18의 크기 비교

　이 큰개자리 VY 별을 확실히 제치고 최대의 별로 등극한 극대거성이 나타났는데, 1990년 미국의 천문학자 찰스 브루스 스티븐슨이 발견한 스티븐슨 2-18이란 별이다. 산개성단 스티븐슨 2에 존재하는 40개의 적색 초거성 중 하나로, 지구에서 약 2만 광년 떨어진 방패자리에 위치한 별이다. 겉보기 등급은 약 15이고, 지구가 속한 나선팔인 오리온자리 팔에 속하지 않고 전혀 다른 나선팔인 방패-남십자자리 팔에 속한다.

　그러면 이 별은 대체 얼마나 클까? 지름이 약 29억km로 태양의 2,150배다. 이 별의 둘레를 빛의 속도로 돈다면 8시간 이상 걸리며, 시속 900km의 항공기로 돈다면 무려 1,100년이 걸린다. 고려조와 조선조를 합친 기간을 홀쩍 뛰어넘는다. 이 별을 태양 자리에다 끌어다 놓는다면 토성의 고리와 위성들까지 삼켜버릴 것이다. 한 물건이 그렇게나 클 수 있다는 게 상상이나 가는가? 물론 이 별은 우리은하에 속한 별이지만, 천문학자들은 대체로 우주의 등방성과 균일성을 굳게 믿는 만큼 우주의 최대 별이라 보아 큰 무리가 없다는 뜻이다.

우주 최대의 별인 스티븐슨 2-18의 나이는 성단에 있는 다른 별들과 비슷한 약 1,400만~2,000만 년인데, 이것은 보통 별에 비해 무척 젊은 나이에 속한다. 별은 덩치가 클수록 수명이 급속도로 줄어든다. 핵융합이 빠르게 진행되어 엄청난 양의 핵연료를 소진시키기 때문이다.

스티븐슨 2-18은 대체로 수백만 년이 지나면 초신성 폭발로 소멸하고, 이후에는 블랙홀이 될 것으로 예측되고 있다.

이런 '스페이스 아트' 본 적이 있나요?

'우주 화가' 체슬리 보네스텔의 세계

2차 세계대전의 포연이 지구 행성을 자욱히 뒤덮던 1944년, 미국의 시사잡지 〈라이프〉에 이색적인 '그림'이 게재되어 놀라운 반향을 불러일으켰다. 토성의 위성에서 바라본 토성을 담은 일련의 삽화들은 마치 우주선을 타고 직접 그곳에 가서 사진을 찍어온 것처럼 생생한 토성의 풍경을 펼쳐놓은 것으로, 칙칙한 전쟁사진들이 넘쳐나던 시절에 많은 사람들에게 신선한 충격을 주었다.

이것이 바로 우주의 경이로움을 보여주는 현대 예술 표현의 한 장르인 스페이스 아트(Space Art), 곧 우주 미술의 탄생이었다. 특히 그림 중에서 '타이탄에서 본 토성'은 가장 유명한 우주 미술로 사람들의 뇌리에 각인되었다.

스페이스 아트의 아버지 체슬리 보네스텔(1888~1986).

이 그림으로 '우주 미술의 아버지'라는 호칭을 얻은 사람은 미국 샌프란시스코 출신의 화가이자 디자이너인 체슬리 보네스텔이다. 컬럼비아 대학에서 건축을 공부했던 그는 3학년 때 중퇴한 후 유명 건축회사에 입사하여 렌더러

체슬리 보네스텔의 '타이탄에서 본 토성'. 우주 미술의 효시가 된 작품으로, 최초의 우주선 스푸트니크가 우주로 올라가기 13년 전인 1944년 〈라이프〉에 발표되었다. (출처/Bonestell LLC reproduction)

(Renderer), 디자이너로 수년간 근무했다. 뉴욕의 크라이슬러 빌딩 등의 몇몇 유명 빌딩도 그의 손을 거쳤다.

보네스텔이 우주 미술에 손대기 시작한 것은 우주와 천문학에 대한 그의 오랜 열정 때문이었다. 어릴 때부터 일찍 별지기에 입문한 그는 천체망원경으로 토성 등을 관측하면 바로 집으로 돌아와 그림을 그리거나 판화로 표현했다고 한다.

전 세계 우주 마니아들에게 영감을 준 그림

건축가로서의 경험과 풍부한 상상력이 어우러진 보네스텔의 우주 상상화

우주 식민지를 개척하는 인류 (출처/Bonestell LLC reproduction)

는 더없이 정교하고 아름다워 사람들의 탄성을 자아냈다. 사람들은 보네스텔의 그림과 같은 것을 이전에 한 번도 본 적이 없었다. 그때는 소련이 발사한 세계 최초의 인공위성이 우주로 올라가기 13년 전이었다.

〈라이프〉 지에 스페이스 아트의 탄생을 신고한 이후 보네스텔은 SF분야를 필두로 숱한 잡지와 단행본 등에 표지화 및 삽화를 그렸으며 일러스트레이션을 담당하게 되었다.

2차 세계대전 후 독일에서 미국으로 이주하여 미국 우주 개발의 아버지가 된 베르너 폰 브라운이 주간지 〈콜리어스〉에 우주 개발에 대한 연재를 시작했을 때 삽화를 담당한 화가도 바로 보네스텔이었다. 폰 브라운은 자신의 생각을 그대로 화보로 펼쳐내는 보네스텔의 그림에 크게 경탄했다.

보네스텔의 정교하고 생생한 우주화는 SF소설이나 영화뿐 아니라 미국의 우주 개발 프로그램에도 많은 영감을 주었다. 또한 그의 우주 상상화는 전 세계의 우주 마니아들에게 꿈과 환상을 심어주었다.

우리나라도 예외는 아니어서, 대략 1950년대부터 30여 년 이상 우리에게

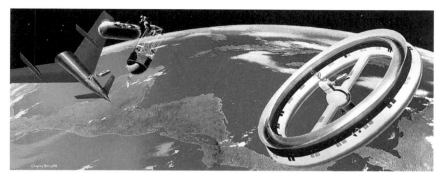
우주정거장과 우주선들 (출처/Bonestell LLC reproduction)

익숙한 우주와 우주 개발 이미지 그림을 떠올린다면 거의 보네스텔의 우주
그림이었다.

비록 이름은 거의 알려지지 않았지만, 보네스텔은 우리나라에서 '우주를
꿈꾸는 소년들'을 키우는 데도 상당한 기여를 한 셈이다. 우주선이 외계행성
에 착륙한 상상도나 지구 상공에 떠 있는 우주정거장 등, 우주 개발과 관련된
대부분의 이미지는 그에게 빚지고 있다고 해도 과언이 아니다.

취미를 직업으로 승화하여 명성을 떨치고 무병장수한 체슬리 보네스텔은
1986년 향년 98세로 그가 그토록 사랑하던 우주로 평화롭게 떠났다. 죽는
순간까지도 우주 그림을 손에서 놓지 않아 그의 이젤에는 미완성 그림이 걸
려 있었다고 한다.

'현대 스페이스 아트의 아버지'라는 이름을 얻은 보네스텔은 화성의 한 크
레이터와 소행성 3129에도 그 이름이 붙여졌다.

"별을 보려면 꼭 어둠이 필요하다"
– 한국의 '원조 별지기' 다석 류영모

한국의 20세기 사상사에 늘 앞줄을 차지하는 철학자로 다석 류영모라는 분이 있다. 일단 최남선, 이광수와 함께 1940년대 조선의 3대 천재로 알려져 있다.

호 다석(多夕)은 평생 저녁 한 끼만 먹었다는 데서 온 것이라 한다. 생의 후반기 40년 동안 저녁 한 끼만 먹으며 신에게로 향하는 길을 용맹정진했던 다석은 한국 사상사에 가장 유니크한 인물일 것이다.

이밖에 류영모를 특징짓는 요소들을 들자면, 오산학교 교장을 지낸 것, 일찍이 기독교에 귀의해 〈성서〉에 대한 해박한 지식과 독특한 관점의 해설로 YMCA에서 35년간 성서연구반을 이끌었다는 것, 독립운동에 참가해 투옥 경험이 있다는 점 등이다. 그리고 김교신, 함석헌이 그의 제자라는 점도 빠뜨릴 수 없겠다.

또 특이한 점은 도쿄 물리학교에서 수학하여 약관 21살에 조만식의 후임으로 오산학교 교장에 취임, 2년간 교편을 잡으면서 물리와 화학을 가르쳤다고 하니, 보기 드문 이과형 사상가라 할 수 있겠다.

다석 류영모 평전 〈저녁의 참사람〉에 따르면, 다석의 맏아들 의상이 황순원의 소설 〈소나기〉를 영역, 영국 잡지에 응모해 최우수상을 받았다고 한다. 또한 둘째 자상은 함석헌의 〈뜻으로 본 한국 역사〉를 영역해 미국에서 출판했다. 미국 유학도 하지 않은 사람이 이처럼 출중한 영어 실력을 가지게 된 것은 역시 천재 아버지의 DNA를 물려받은 때문으로 보인다. 다석 역시 일제시대에 단파 라디오로 몰래 '미

왼쪽이 류영모, 오른쪽이 그의 제자 함석헌이다. 가운데 젊은 이는 김흥호 목사 (출처/wiki)

국의 소리' 방송을 들었을 정도로 영어에 능숙했다.

다석은 어릴 때 배운 한학으로 고전에도 밝았는데, 오산학교 부임 초 〈논어〉의 첫 구절 '학이시습지불역열호(學而時習之不亦說乎, 배우고 때로 익히면 또한 기쁘지 아니한가)'의 '학(學)' 자 하나를 놓고 무려 2시간을 강의하여 사람들을 놀라게 했다는 전설을 남겼다.

함석헌의 씨알 사상의 원류도 다석이었다. 종교 다원주의에 바탕한 다석의 종교사상은 1998년 영국의 에든버러 대학에서 강의되었다고 하니, 우리나라 사상계에 큰 발자국을 남겼다고 하겠다.

그런데 다석이 한국에서 원조 별지기 반열에 든다는 사실을 아는 사람은 많지 않은 듯하다. 과학에 밝았던 다석은 그의 아들과 함께 자작 망원경을 만들어 방에다 두고는 수시로 천체 관측을 했다고 한다. 다재다능한 인물이라 하지 않을 수 없다. 하긴 천재를 누가 말리랴.

다석은 천체 관측을 함으로써 별에서 영원성을 발견하고, 우주의 광대함에서 신을 발견했다. 따라서 그의 신관은 매우 합리적이라는 평가를 받는다. 다석은 자연의 위대함이 곧 신의 위대함이라고 믿었다는 점에서 "우주는 신이다"라고 말한 스피노자와 맥을 같이하고 있다.

끝으로 다석에 관한 재미있는 에피소드 하나-. 다석이 젊었을 때 맞선을 본 처녀가 있었는데, 무척 마음에 들었지만, 처녀의 집에서 신랑감이 키도 작달막한데다 장래 희망이 농촌운동이라고 하니 결혼을 허락지 않았다. 그러자 다석은 "우주가 얼마나 광활한데 사람의 키가 몇 푼 크고 작음이 무슨 의미가 있나"면서 붓글로 긴 편지를 써서 처녀 부친에게 보냈는데, 명필로 도도하게 흐르는 문장을 보니 이건 뭐 편지라기보다 저작이라 할 만한 것으로, 신붓감은 물론 그 부친도 깜짝 놀라 그의 결혼은 일사천리로 이루어졌다고 한다.

"인생의 끝은 죽음인데, 죽음이 끝이요 꽃입니다. 죽음이야말로 엄숙하고 거룩한 것입니다"라고 말한 다석은 1981년 2월 3일 영면했다. 향년 91세. 다석은 자신이 산 날수를 계산하면서 살았는데, 이날이 33,200번째 날이었다.

Chapter 4

은하와 블랙홀

생명은 우주가 인간의 모습을 띠고,
자신에게 던져보는 하나의 물음이다.

| 린 마굴리스 · 미국 생물학자 |

우리은하의 형태, 어떻게 알아냈을까?
– 천문학자들이 400년 동안 찾아낸 놀라운 방법

숲속에선 숲의 형태를 알 수 없다

오늘날 우리는, 우리가 살고 있는 은하의 형태가 나선팔을 가진 원반 꼴임을 잘 알고 있다. 최근에 중앙에 막대 구조가 있는 것까지 밝혀져 우리은하는 분류상 막대나선은하에 속한다.

그러나 이렇게 우리은하의 형태와 크기를 알게 되기까지에는 수많은 천문학자들의 400년에 걸친 노고가 숨어 있다는 사실을 아는 이는 그리 많지 않다. 숲속에서 그 숲의 전체 형태를 잘 알 수 없는 것과 마찬가지로, 은하 내부에 살면서 그 은하의 모양을 알아내기란 참으로 어려운 일이기 때문이다. 인류 중 그 누구도 우리은하 바깥으로 나간 이는 아직 없다. 앞으로도 영원히 없을 것이다.

우리은하의 단면적인 모습을 알려면 은하수를 보면 된다. 밤하늘에 동서로 길게 누워 가는 이 빛의 강, 은하수를 일컬어 서양에서 밀키웨이(milky way)라 하는 것은 헤라 여신의 젖이 뿜어져나와 만들어졌다고 하는 그리스 신화에 기원한다.

이처럼 일찍부터 인류와 친숙한 은하수이지만, 이 은하수의 정체를 알아낸 것은 놀랍게도 400년밖에 안 된다. 은하로의 먼 여정을 향해 첫 주자로 나선 사람은 17세기 이탈리아의 물리학자 갈릴레오 갈릴레이였다.

강원도 태백시 함백산에서 본 은하수 (출처/태백시)

1610년 갈릴레오는 자신이 직접 만든 망원경으로 은하수를 관측한 결과, 흐릿한 성운처럼 보이는 은하수가 실제로는 개개의 별들로 분해된다는 것을 알아냈다. 이리하여 갈릴레오는 은하수가 무수한 별들의 집합이라는 사실을 최초로 발견하고 그것을 인류에 보고하는 영예를 얻었다.

'은하수'를 밝혀낸 철학자

그 다음 은하수에 관해 놀라운 추론을 한 사람이 1세기 후에 나타났다. 그는 놀랍게도 과학자가 아닌 철학자인 임마누엘 칸트였다. 1755년에 발표된 칸트의 박사학위 논문은 철학이 아니라 천문학 이론으로, 그 제목부터가 '일반 자연사와 천체 이론'이었다.

하긴 그 시대는 철학과 천문학 사이에 명확한 선이 없던 때이기는 했지만, 칸트의 논문은 명확히 천문학에 관한 내용이었다. 그것도 우리 태양계의 생성에 관한 학설로, 흔히 '성운설'이라고 불리는 것이다. 현대 천문학 교과서에도 '칸트의 성운설(Kant's Nebula Hypothesis)'로 당당하게 자리잡고 있다.

은하 원반의 먼지를 뚫고 볼 수 있는 전파나 적외선 관측 등을 통해 확인된 나선팔과 막대구조를 토대로 만들어진 우리은하 상상도. 태양은 은하 중심으로부터 2만 8,000광년 거리에 있으며, 나선팔 중의 하나인 오리온 팔의 안쪽 가장자리에 있다. (출처/NASA)

태양계 성운설을 제창한 칸트는 태양계가 만들어진 것과 같은 원리로 우리은하가 만들어졌다고 생각했다. 즉, 회전하는 거대한 성운이 수축하면서 원반 모양이 되고, 원반에서 별이 탄생했으며, 은하수는 원반 위에 있는 관측자가 본 우리은하의 옆 모습이라는 정확한 설명을 내놓았다.

"지구가 은하 원반 면에 딱 붙어 있어 지구에서 은하수를 보는 시선 방향이 우리은하를 횡단하게 된다. 따라서 지구에서 볼 때 중심부와 먼 가장자리 별들이 겹쳐져 보이므로 그처럼 밝은 띠로 보이게 되는 것이다. 또한 원반이 얇으므로 아래 위쪽은 당연히 성기게 보인다."

200년도 더 전에 나온 철학자 칸트의 이 같은 은하수 설명은 참으로 놀라운 예지와 직관의 산물이라 하지 않을 수 없다. 직접 망원경으로 천체를 관측하기도 한 칸트는 당대 최고의 우주론자로서, 우리은하 바깥에도 우리은하처럼 수많은 별로 이뤄진 독립된 은하들이 섬처럼 흩어져 있으며, 우리은하는 이처럼 수많은 은하 중의 하나에 불과하다는 '섬우주론'을 주창했다.

허셜이 시도한 '하늘의 구축'

칸트 다음으로 은하수 여정에 오른 사람은 칸트와 동시대인으로 천왕성 발견자인 윌리엄 허셜이었다. 은하수의 실제 모습과 태양이 은하수 내에 어디쯤 위치하는지 알아내려는 시도는 이 허셜에 의해 처음으로 이루어졌다.

1784년, 그는 전인미답의 영역인 은하계 구조 연구에 착수했다. 이전의 어떤 천문학자도 시도해보지 않은 주제였다. 허셜은 이 계획을 '하늘의 구축' 이라 이름했다. 그는 하늘을 여러 영역으로 나누고, 각 영역에 있는 별의 수를 헤아려 우리은하의 별 분포를 조사했다. 통계적으로 밝은 별은 가까운 별, 어두운 별은 먼 별로 전제하고, 3,400개의 성단들에 있는 별들의 수를 센 결과, 별의 분포는 타원체를 이루며, 은하수에 있는 별들이 모두 3억 개라는 수치가 나왔다.

허셜은 별들이 은하수에 가까울수록 많이 밀집해 있다는 것을 발견하고, 태양계는 은하계의 일부분으로, 태양은 은하의 중심 부분에 위치한다는 결론을 내렸으며, 은하계는 수레바퀴 모양의 별의 집단을 옆에서 본 것에 불과하다고 주장했다. 이 수레바퀴의 긴 지름이 짧은 지름의 4배라고 발표했다. 이로써 인류 역사상 최초로 은하수의 정체와 구조가 밝혀진 셈이다. 그에 의하면, 우리가 사는 은하계는 우주 안에서 별들이 모여 있는 유일한 집단이 아니며, 거대한 체계를 이루는 집단들 중 하나일 뿐이라는 것이다.

허셜은 나아가 우주의 규모를 언급했다. 당시 가장 가까운 별들 간의 거리도 제대로 모를 시기에 그는 가장 멀리 떨어져 있는 대상들의 거리를 200만 광년으로 잡았다. 물론 오늘날 보면 턱없이 작게 잡은 것이지만, 당시로서는 현기증 날 만큼 어마무시한 거리였다. 사람들은 우주의 광막한 크기에 입을 딱 벌렸다. 요컨대, 허셜은 역사상 최초로 인류 앞에 광대한 우주의 규모를 펼쳐 보여주었던 천문학자였다.

1920년에는 네덜란드의 야코뷔스 캅테인이 허셜의 방법에 따라 더 정교하게 별들의 분포를 관찰한 후, 1922년에 출간된 그의 필생 사업인 〈항성계의 배열과 운동 이론에 관한 최초의 시도〉에서 우리은하를 중심에서 멀어질수록 별의 밀도가 감소하는 렌즈 모양의 섬우주로 묘사했다.

캅테인의 섬우주 모형에서 우리은하의 크기는 약 4만 광년, 두께가 6,500광년이며, 태양의 위치는 우리은하 중심에서 2,000광년 떨어진 지점이었다. 태양계의 위치는 여전히 크게 벗어난 것이지만, 우리은하의 실제 규모에 상당히 근접하는 값을 내놓았다는 데 큰 의미가 있었다.

'이것이 내 우주를 파괴한 편지다'

허셜-캅테인 모형의 반대편에는 할로 섀플리의 우리은하 모형이 있다. 섀플리는 1919년 늙은 별들의 집단인 구상성단들을 관측한 끝에, 그것들이 거의 구형으로 분포하며 지름이 30만 광년이고, 그 중심으로부터 태양은 약 4만 5,000광년 떨어져 있다고 추정했다. 그는 구상성단들의 분포 중심이 우리은하의 중심이라고 보았다.

섀플리의 우리은하 모형은 허셜-캅테인 모형과는 달리 태양이 우리은하의 중심에 있지 않은 셈이다. 이는 코페르니쿠스의 태양중심설에 못지않은 우주관의 변혁을 가져왔다.

그러나 섀플리는 '안드로메다 성운'을 포함한 모든 천체가 우리은하 안에 있으며, 우리은하 자체가 우주라고 생각하는 오류를 저질렀다. 이러한 섀플리의 주장은 얼마 후 에드윈 허블이라는 신참 천문학자에 의해 무참히 퇴출되었다.

1924년 허블은 안드로메다 성운에서 변광성을 관측해 안드로메다 은하까지의 거리를 알아냄으로써 그것이 우리은하 밖의 외부 은하임을 밝혔다. 허블이 섀플리에게 자신이 발견한 결과를 편지로 알리자, 섀플리는 편지를 흔들어대며 "이것이 내 우주를 파괴한 편지다"라고 말했다고 한다.

그러나 우리은하의 구조에 대해서는 섬우주론에서 채택한 허셜-캅테인 모형이 틀리고, 태양이 은하의 중심에서 멀리 떨어져 있는 섀플리 모형이 더 타당한 것으로 결론이 났다.

전파로 은하 중심을 헤집다

1940년대 들어 전파천문학이 발전함에 따라 천문학자들은 전파의 각 파장대의 특성을 이용한 관측으로 우리은하에 네 개의 주요 나선팔이 있으며, 이들이 어떤 분포를 하고 있는지를 알아냈다. 그 결과, 우리은하는 전형적인 나선은하라는 결론을 내렸다.

하지만 우리은하에 막대가 있을 거라는 주장은 1990년대에 들어와서야 일부 천문학자들 사이에서 나왔다. 그러나 확실한 관측에 바탕을 둔 주장이 아니었기 때문에 천문학계에서는 이를 받아들이지 않았다.

막대구조를 확인하기 위해서는 무엇보다 은하의 중심을 들여다보아야 하는 난제가 가로놓여 있었다. 은하 중심이 눈부시게 밝을 뿐만 아니라, 은하 원반의 성간 먼지나 가스, 별 등이 시선을 가로막고 있기 때문이다. 그러나 가장 산란이 적은 적외선 망원경이 이 문제를 해결해주었다.

2005년 스피처 적외선 우주망원경이 마침내 은하 중심까지 육박했다. 이 스피처의 관측에 의해 우리은하 중심부에 2만 7,000광년 길이의 막대구조가 들어앉아 있음이 공식 확인되었다. 그리고 우리은하의 팔도 막대구조 끝에서 뻗어나온 두 개의 나선팔과, 여기서 가지치기한 두 개의 작은 나선팔이 더 있는 전형적인 막대나선은하 형태임이 밝혀졌다. 이로써 우리은하 형태를 결정짓는 화룡점정이 이루어졌고, 덕분에 2005년 이후 우리은하의 형태는 막대나선은하로 확고히 자리매김되었다.

우리은하 10만 광년의 크기를 실감할 수 있는 방법

지금 우리가 사는 은하 달력은 '20은하년'

우리 태양계가 속해 있는 은하를 흔히 '은하계' 또는 '우리은하'라 부른다. 영어로는 '밀키웨이 갤럭시'라 하지만, 우리말로는 '미리내'라는 아름다운 이름이 있다.

'미리'는 용의 고어인 '미루'에서 나왔고, 내는 개천을 뜻하니까, 서양 이름인 '젖의 길'보다는 훨씬 품위 있는 말이다. 은하수라는 말은 지구에서 보이는 우리은하의 부분으로, 천구를 가로지르는 밝은 띠를 일컫는다.

우리은하를 옆에서 보면 프라이팬 위에 놓인 계란 프라이와 흡사한 꼴이다. 가운데 노른자 부분을 팽대부라 한다. 거기에 늙고 오래된 별들이 공 모양으로 밀집한 중심핵(Bulge)이 있고, 그 주위를 젊고 푸른 별, 가스, 먼지 등으로 이루어진 나선팔이 원반 형태로 회전하고 있다. 그리고 그 외곽에는 주로 가스, 먼지, 구상성단 등의 별과 암흑물질로 이루어진 헤일로(Halo)가 지름 40만 광년의 타원형 모양으로 은하 주위를 감싸고 있다.

천구상에서 은하면은 북쪽으로 카시오페이아자리까지, 남쪽으로 남십자자리에까지 이른다. 은하수가 천구를 거의 똑같이 나누고 있다는 사실은 곧 태양계가 은하면에서 그리 멀리 떨어져 있지 않다는 것을 뜻한다.

은하수는 중심부가 있는 궁수자리 방향이 가장 밝게 보인다. 이 중심부에

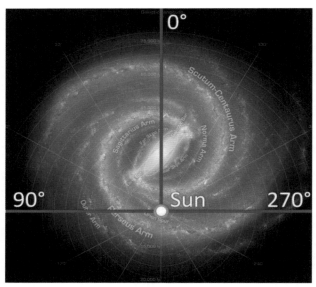

지름 10만 광년 우리은하에서 태양계의 위치. 중심에서 2만 8,000광년 떨어진 거리에 있다.

태양 질량의 약 400만 배인 지름 24km짜리 크기의 블랙홀이 있다는 것이 밝혀졌다. 뿐만 아니라 이 블랙홀 근처에 작은 블랙홀이 하나 더 있어 쌍성처럼 서로 공전하고 있다는 것이 확인되었다. 어째서 이런 일이? 이것은 바로 과거에 우리은하가 다른 작은 은하를 잡아먹었다는 증거다. 우리은하가 약 10억 년 전 젊은 다른 은하와 충돌, 합병하여 현재의 크기가 되었다고 한다.

우리은하의 지름은 10만 광년으로, 중심핵은 지름이 약 1만 광년, 전체 디스크의 두께는 약 1만 2,000광년이다. 은하가 이처럼 납작한 이유는 은하 자체의 회전운동 때문이다. 이 안에 약 4천억 개의 별들이 중력의 힘으로 묶여 있다. 태양 역시 그 4천억 개 별 중의 하나일 따름이다. 태양은 우리은하의 중심으로부터 2만 8,000광년 거리에 있으며, 나선팔 중의 하나인 오리온 팔의 안쪽 가장자리에 있다.

우리 태양계는 물론, 우리은하 전체가 중심핵을 둘러싸고 회전하고 있다. 태양이 은하중심을 도는 속도는 초속 220km나 되지만, 그래도 한 바퀴 도는 데 2억 5천만 년이나 걸린다. 태양이 태어난 지 대략 50억 년쯤 됐으니까, 지금까지 우리은하 가장자리를 20바퀴쯤 돈 셈이다. 앞으로 그만큼 더 돌면 태양도 종말을 맞을 것이다.

지구가 바둑돌만 하다면 우리은하 지름은 15억km

우리은하의 크기를 체감해보려면 일단 우리 감각으로 느낄 수 있을 만큼 축소해보는 게 좋다.

지름 12,700km인 지구를 지름 2cm인 바둑돌이라 친다면(약 6억 배 축소), 태양은 지름 2m가 넘는 트레일러 바퀴만 하고, 마지막 행성인 해왕성까지 거리는 7km가 된다.

2단계로, 태양에서 가장 가까운 별인 4.2광년 거리의 프록시마 센타우리는 약 63,000km를 찍는다.

3단계로, 괴물 블랙홀이 똬리를 틀고 있는 28,000광년 거리의 은하 중심은 4억 2천만km를 찍는다.

마지막으로, 은하 지름 10만 광년은 15억km를 찍게 된다. 지구-태양 간 거리의 10배다.

지구를 2cm 바둑알로 줄였을 때도 이런 수치가 나오니, 우리은하의 크기가 얼마나 무지막지한가를 알 수 있을 것이다.

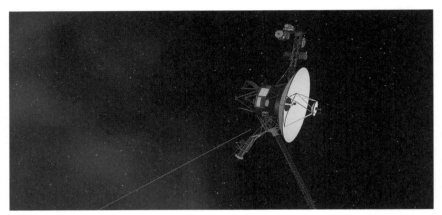

초속 17km로 40년을 날아가 태양계를 벗어난 보이저 1호. 보이저가 우리은하 지름을 가로지르려면 무려 18억 년을 날아가야 한다.

　지금까지 인류가 만들어낸 최고 속도는 초속 17km다. 총알 속도의 17배다. 시속으로 치면 무려 6만km다. 인간이 만든 물건으로 가장 우주 멀리 날아간 기록을 세우고 있는 보이저 1호가 이 속도로 40년을 날아가 태양계를 벗어난 지가 얼마 안 된다. 1977년 지구를 떠났으니 2025년 현재 48년 동안 248억km 거리의 성간 우주공간을 날고 있는 중이다.

　보이저가 이 속도로 우리은하의 지름을 가로지른다면 얼마만 한 시간이 걸릴까? 무려 18억 년을 날아가야 한다. 이는 우주 나이 138억 년의 1/10이 넘는 장구한 시간이다. 이것이 바로 우리은하의 크기다. 하지만 이런 은하도 대우주 속에서는 조약돌 하나밖엔 안 된다는 사실을 잊어서는 안 된다.

우주 크기 체험교실… 숫자로 알아보는 '나와 우주'

지구 30개면 달까지 닿는다

우주의 크기나 거리를 실감하려면 어떻게 해야 할까? '우주 체험교실'의 출발점은 딱 하나다. 바로 나의 크기에서부터 짚어나가야 한다는 것이다. 이때 편의상 대략 사람의 키를 1m로 친다. 키 작은 아이들도 생각해주자.

지구의 지름은 약 1만 3,000km니까, 사람 띠로 이 지름을 만들려면 약 1,300만 명이 필요하다. 남한 인구의 약 4분의 1이 손을 맞잡는다면 지구 지름만큼 된다는 얘기다.

지구 둘레는 4만km이니까, 80억 세계인구가 손을 맞잡는다면 지구를 20바퀴쯤 둘러쌀 수가 있다. 얼마나 많은 인구가 이 조그만 행성 위에서 복작거리며 사는가를 실감할 수 있다.

다음, 지구와 달 사이의 거리는 약 38만km다. 지구를 징검다리처럼 우주 공간에 약 30개쯤 늘어놓으면 얼추 달까지 닿는다. 생각해보면 달이 그리 멀지 않은 곳에 있다고 하겠다. 빛이 이 거리를 달린다면 1초 남짓 걸린다. 하지만 시속 100km로 달리는 차를 타고 밤낮없이 달리더라도 달까지 도착하는 데는 다섯 달, 약 158일이 걸린다. 우리의 척도로는 달도 정말 멀리 있는 셈이다. 참고로, 달의 지름은 지구의 4분의 1 남짓하다.

다음은 훌쩍 건너뛰어 태양까지의 거리를 짚어보자. 지구에서 태양까지의 거리는 약 1억 5천만km(1AU)다. 이게 대체 얼마만한 거리일까? 천문학은 시인의 감수성과 상상력을 필요로 한다.

　가장 간단한 답으로는, 1초에 지구 7바퀴 반 도는 초속 30만km인 빛이 8분 20초 걸려 주파하는 거리다. 초로 환산하면 약 500초인데, 달까지 거리의 약 400배에 달하며, 시속 100km의 차로 달리면 약 6만 2,500일이 걸리고, 햇수로는 약 170년이 걸린다. 하늘에서 늘 빤히 보이는 태양, 우리가 해바라기를 즐기는 태양이 실제로는 얼마나 멀리 떨어져 있는 별인가를 실감할 수 있다.

　그 먼 거리에서 내뿜는 별빛이 이리도 뜨겁다니 참 믿기지 않는 일이지만, 이것이 태양 표면 온도 5,500도의 위력이다. 태양이 만약 10%만 지구 가까이에 위치했다면 지구상에는 어떤 생명체도 살지 못했을 것이다. 우리는 부디 태양이 그 자리를 지켜주기만을 기도해야 한다.

　달보다 약 400배 멀리 떨어져 있는 태양은 지름의 크기도 달의 약 400배쯤 되는 바람에, 지구에서 볼 때 이 둘이 일직선상에 놓이면 딱 포개져서 개기일식이 된다. 이건 정말 우주적인 우연이다. 덕분에 우리는 지구 행성에서 개기일식의 장관을 즐길 수 있게 된 것이다. 참고로, 태양은 지구 지름의 약 109배나 되는 크기다.

60억km만 나가도 지구는 한 점 티끌

　이번엔 태양의 반대쪽으로 달려가보자. 그쪽으로는 우리보다 먼저 달려간 보이저 1호가 있으니, 그 뒤를 졸졸 따라가보면 된다.

　인류가 우주로 띄워보낸 '병 속 편지' 보이저 1호는 지구인의 메시지를 싣

80억 인류가 사는 '창백한 푸른 점'. 60억km 떨어진 명왕성 궤도에서 보이저 1호가 찍은 사진. 인류가 우주 속에서 얼마나 외로운 존재인가를 말해준다. (출처/NASA)

고 2024년 3월 현재 지구로부터 약 240억km 떨어진 우주공간을 날고 있는 중이다. 지구-태양 간 거리(1AU)의 162배로, 빛으로도 22시간이 더 걸리는 아득한 성간 공간이다. 미국의 무인 우주탐사선 보이저 1호가 지구를 떠난 것이 1977년 9월 5일이니까 꼬박 50여 년을 날아가고 있는 셈이다.

목성과 토성 탐사, 그리고 성간 임무를 띤 보이저 1호는 출발한 지 12년 7개월 만인 1990년 2월에 명왕성 궤도에 다다랐다. 지구로부터 약 60억 km, 40AU 되는 거리다. 이쯤 되는 곳에서 2월 14일 보이저 1호에게 예정에 없던 미션 하나가 지구로부터 날아들었다. 카메라를 지구 쪽으로 돌려 태양계 가족사진을 찍으라는 거였다. 이때 찍은 태양계 가족사진 중 지구 부분이 모든 천체사진 중 가장 철학적인 사진으로 불리는 유명한 '창백한 푸른 점 (The Pale Blue Dot)'이다.

이 사진을 보면 지구는 망망대해 같은 우주공간에 떠 있는 희미한 점 하나에 지나지 않는다. 나사에서 동그라미를 쳐주지 않았다면 알아보기도 힘든 점이다. 희미한 빛줄기 위에 떠 있는 한 점 티끌이 바로 지구다. 아침 햇살 속에 떠도는 창 앞의 먼지 한 점과 다를 게 없어 보인다. 이 티끌의 표면적 위에 아웅다웅하는 80억 인류와 수백만 종의 생물들이 살아가고 있는 것이다. 이 정도의 거리만 나가도 지구는 거의 존재를 찾아보기 힘들게 된다. 태양계도 이토록 드넓은 동네임을 알 수 있다.

보이저 1호가 태양계를 벗어나 성간 공간으로 진입한 것은 2012년 8월로, 탐사선을 스치는 태양풍 입자들의 움직임으로 확인되었다. 보이저 1호는 어느 천체의 중력권에 붙잡힐 때까지 관성에 의해 계속 어둡고 차가운 우주로 나아갈 운명이다. 연료인 플루토늄 238이 바닥나는 2030년께까지 보이저 1호는 아무도 가보지 못한 태양계 바깥의 모습을 지구로 전해줄 것이다.

태양계를 벗어난 보이저 1호가 먼저 만나게 될 천체는 혜성들의 고향 오르트 구름이다. 하지만 300년 후의 일이다. 이 오르트 구름 지역을 빠져나가는 데만도 약 3만 년이 걸린다. 그 다음부터 4만 년 동안 그 진로상에 어떤 별도 없어 홀로 외로이 날아가야 한다. 약 7만 년을 날아간 후 보이저 1호는 18광년 떨어진 기린자리의 글리제 445 별을 1.6광년 거리에서 지날 것이며, 그 다음부터는 적어도 10억 년 이상 아무런 방해도 받지 않고 우리은하의 중심을 돌 것이다.

가장 가까운 별까지 가려면 6만 년 걸린다

은하까지 가기 이전에 태양에서 가장 가까운 별인 4.2광년 거리의 센타우리 프록시마란 별부터 방문해보도록 하자. 가장 가까운 이웃별인 이 별까지 빛이 마실갔다 온다면 8년이 넘게 걸린다. 그 빠른 빛도 우주 크기에 비한다면 달팽이 걸음에 지나지 않는 셈이다.

그렇다면, 인간이 가장 빠른 로켓을 타고 간다면 얼마나 걸릴까? 인류가 끌어낼 수 있는 최대 속도는 초속 23km다. 이는 2015년 명왕성을 근접비행한 나사 탐사선 뉴호라이즌스가 목성의 중력보조를 받아 만들어낸 속도로, 지구 탈출속도의 2배가 넘는다. 총알보다 23배가 빠르다고 생각하면 된다.

뉴호라이즌스에 올라타 프록시마 별까지 신나게 달려보기로 하자. 얼마나 달려야 할까? 1광년이 약 10조km니까 4.2광년은 약 42조km다. 이 거리를 뉴호라이즌스가 밤낮없이 달린다면 무려 6만 년을 달려야 한다. 왕복이면 12만 년이다. 가장 가까운 별까지 가는데도 이렇게 걸린다는 얘기다. 이것이

명왕성을 지나 카이퍼 벨트의 소행성 울티마 툴레를 탐사하는 뉴호라이즌스. 목성의 중력보조를 받아 만들어낸 초속 23km로 태양계 가장자리를 향해 돌진하고 있다. (출처/NASA)

바로 인류가 외계행성으로 진출할 수 없는 가장 큰 이유다. 우리 인류는 이처럼 우주 속에서 엄청난 공간이란 장벽으로 차단되어 있는 것이다.

　내친김에 뉴호라이즌스를 타고 우리은하 끝에서 끝까지 한번 가보자. 얼마나 걸릴까? 우리은하는 지름이 약 10만 광년이다. 프록시마까지 간 자료가 있으니까 비례계산을 하면 금방 답이 나온다. 14억 년! 우주 역사의 약 10분의 1에 해당하는 시간이다. 이는 인류에게 거의 영겁이라 할 만하다. 지구상에 나타난 지 몇십만 년밖에 안 되는 인류에게 14억 년이란 참으로 긴 세월이다. 장엄하게 빛나던 태양은 점점 체온을 높아가 뜨거워질 것이며, 그때쯤이면 이미 지구는 석탄불 위의 감자처럼 바짝 구워져 염열지옥이 되어

버렸을 것이다.

그런데 이런 방대한 은하가 우주공간에 약 2조 개가 있고, 은하 간 공간의 평균거리는 수백만 광년이나 된다. 그리고 우주의 크기는 약 930억 광년이라는 나사의 계산서가 현재 나와 있다. 930억 광년이란 인간의 모든 상상력을 동원해도 실감하기 어려운 크기다. 빛의 속도로 지금도 팽창하고 있는 우주는 앞으로도 얼마나 더 커질지는 아무도 모른다.

이 광막한 우주의 전형적인 풍경은 이럴 것으로 나는 상상한다. 끝도 모를 망망대해 같은 캄캄한 공간에 여기저기 희미한 반딧불 같은 게 띄엄띄엄 떠있는 적막한 풍경. 만약 우리 옆에 사랑하는 이들이 없다면 이 우주는 얼마나 더 적막한 장소일 것인가?

이처럼 우주는 광대하다. 터무니없이 광대하다. 그래서 천문학자 칼 세이건은 이런 푸념을 하기도 했다. "신이 만약 인간만을 위해 우주를 창조했다면 엄청난 공간을 낭비한 것이다."

천문학에서 가장 유명한 삽화 '우주의 순례자', 누가 그렸나?

천문학의 역사에서 가장 유명한 삽화 중의 하나가 '우주의 순례자'라 할 수 있다. 이 제목은 정식으로 붙은 제목이 아니다. 지난 100년 동안 이 삽화가 여러 곳에 등장했지만, 삽화를 그린 화가도 분명히 밝혀져 있지 않기 때문이다.

하지만 천구 바깥으로 머리를 내미는 사람의 손에 지팡이가 들려 있는 것으로 보아, 중세 기독교 유럽인의 오랜 전통인 성지순례를 나선 순례자일 것으로 짐작되어 임의로 '우주의 순례자'로 붙였을 따름이다.

정확히 말하자면 위의 그림은 목각화이다. 1888년 카미유 플라마리옹(1842~1925)의 책에 처음 등장한 이 삽화는 흔히 플라마리옹 판화라고 불린다. 지식을 추구하는 과학적 또는 신화적 여정을 비유적으로 묘사한 그림으로, 우주에 대한 인류의 개념이 시대에 따라 변화하면서 진실에 다가가는 여정을 보여주기 위해 자주 사용된다.

플라마리옹은 프랑스의 천문학자이자 작가로, 천문학에 관한 대중 과학 작품을 비롯, 몇 가지 주목할 만한 초기 공상 과학소설, 심령 연구 및 관련 주제에 대한 작품을 포함하여 50종 이상의 책을 저술한 다작 작가였다. 또한 1882년부터 잡지 〈천문학(L'Astronomie)〉을 발행했으며, 프랑스의 쥐비쉬-쉬르-오르주에서 개인 천문대를 운영하기도 했다.

이러한 경력으로 보아 위의 그림 역시 플라마리옹이 직접 그린 것이 아닐까 하고

채색한 '우주의 순례자'. 고대의 우주관을 표현한 유명한 삽화이다. (출처/google)

추측하기도 하지만 직접적인 증거는 없다. 이 플라마리옹 판화는 흑백 그림이다. 이 유명한 판화를 밑그림으로 삼아 아이들과 함께 우주 색칠놀이를 해도 재미있을 것이다.

이 그림은 당신이나 당신의 친구, 부모님 또는 자녀가 인쇄하거나 디지털로 색칠할 수도 있다. 마음에 드는 색깔로 채색을 하다 보면 아이들이 우주에 대해 더 많은 관심을 갖는 계기도 될 수 있을 것이다. 구글 등을 검색해보면 이미 수많은 색채 '우주의 순례자'를 찾아볼 수 있다. 위의 그림 역시 그중 하나다.

'우리은하 블랙홀' 최초로 찍었다!

블랙홀은 질량이 극도로 압축돼 아주 작은 공간에 밀집한 천체로, 빛조차 빠져나가지 못할 정도로 중력이 강하다. 대부분의 은하 중심부에는 태양 질량의 수백만 배에서 수십억 배에 이르는 초대질량 블랙홀이 있는 것으로 알려져 있다.

2022년 5월 12일 과학자들은 우리은하 중심에 있는 초대질량 블랙홀인 궁수자리 A*(A별)의 이미지를 최초로 공개했다. 한국 과학자들이 참여한 국제 공동 연구진이 인류 사상 최초로 우리은하 중심에 있는 초대질량 블랙홀을 포착하는 데 성공한 것이다. 이로써 현대 천체물리학의 가장 큰 난제인 우주 형성의 비밀을 밝히는 데 한 발짝 내디뎠다는 평가를 받는다.

전 세계 80개 기관과 300여 명의 천문학자로 이뤄진 사건지평선 망원경(EHT) 공동연구진은 지난 2019년에도 지구에서 약 5,500만 광년 떨어진 M87 블랙홀 그림자를 관측해 공개함으로써 빛의 고리 안쪽에 존재하는 블랙홀의 모습이 처음으로 드러났다. 이는 주변 빛이 중력에 휘어 둥글게 만들어진 속에 내부 빛이 빠져나오지 못해 형성된 공간인 블랙홀의 '그림자'를 본 것이다.

이번 블랙홀을 포착한 사건지평선 망원경은 스페인과 미국, 남극, 칠레, 그린란드 등 전 세계 11개 전파망원경을 연결해 지구 크기의 망원경 같은 효과

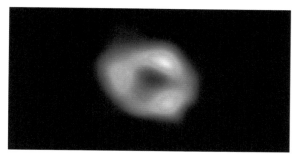

'궁수자리 A*'로 불리는 우리은하 중심부의 블랙홀 이미지. 중심의 검은 부분은 블랙홀과 블랙홀을 포함하는 그림자이고, 고리의 빛나는 부분은 블랙홀의 중력에 의해 휘어진 빛이다. (출처/EHT)

를 내는 '가상 망원경'이다. 한국천문연구원 관계자는 이 망원경 성능에 관해 "파리의 한 카페에서 뉴욕에 있는 신문 글자를 읽을 수 있는 정도"라고 설명했다.

이번 두 번째로 블랙홀의 모습이 공개된 것을 보면, 빛의 고리 속에 블랙홀이 자리잡은 검은 속이 나타나는 등 비슷한 모양으로 나타났다. 크기와 우주에서의 위치가 다른 블랙홀의 모양이 비슷하다는 것이 확인되면서 블랙홀의 형태를 예측한 아인슈타인의 일반 상대성 이론이 더욱 정확하다는 결론에 이르렀다.

궁수자리 A*의 역사적인 이미지는 2019년 M87에 있는 블랙홀의 사건지평선을 포착한 EHT에서 제공한 것이다. 밀리미터 이하 파장의 전파로 촬영된 이 이미지는 실제로 우리은하의 심장부에 자리잡은 블랙홀을 보여주고 있으며, 이용 가능한 모든 수소 가스를 먹고 있는 장면이다.

우리은하 중심에 위치한 궁수자리 A* 블랙홀은 지구로부터 약 2만 7,000광년 떨어진 궁수자리에 있다. 이 블랙홀은 M87 블랙홀에서 태양계까

사건지평선 망원경 배열의 일부인 남극대륙의 미 국립과학재단 산하 아문센–스콧 남극 기지에 있는 남극 망원경 (출처/Dr. Daniel Michalik/NSF)

지 거리의 2,000분의 1 수준으로, 인류가 직접 관측한 블랙홀 중 지구와 가장 가깝다.

질량이 작을수록 블랙홀의 바깥 경계인 사건지평선 크기도 작아져 관측이 훨씬 어렵다. M87의 질량이 태양의 65억 배로 사건지평선 크기가 약 400억 km인 데 비해, 궁수자리 A*의 사건지평선 크기는 2,500만km에 지나지 않는다. 게다가 우리은하 중심의 별들이 궁수자리 A*을 가리고, 궁수자리 A* 자체도 산란을 일으키는 가스 구름에 둘러싸여 있어 관측이 더욱 어렵다.

그러나 이번 촬영에 성공한 블랙홀 이미지로 인해 초대질량 블랙홀 주변 물질의 흐름을 분석해 은하의 형성과 진화 과정을 밝힐 수 있을 것으로 기대 되며, 추가적인 연구를 통해 일반 상대성 이론의 정밀한 검증 등 새로운 결과 들이 쏟아져나올 것으로 전망된다.

우주는 얼마나 어두울까?

– 뉴호라이즌스 호가 답하다

우주는 완전히 검지 않다

우주는 얼마나 어두울까? 새 연구에서 우주의 밝기가 측정되었다. 연구자들이 우주의 밝기를 측정하는 데는 명왕성과 카이퍼 벨트를 탐사하고, 현재 태양계 외곽으로 날아가고 있는 나사의 뉴호라이즌스 미션의 관측을 이용했다.

미국 국립과학재단(NSF)의 광-적외선천문연구실(NOIRLab) 소속 과학자 토드 라우어 박사는 "우주는 어둡지만, 생각한 만큼 그렇게 어둡지는 않다"고 말했다.

우주는 본질적으로 흑암의 공간이다. 별이 빛나는 공간은 우주에서도 극히 일부로, 지구처럼 밝은 곳은 아주 예외적인 경우일 뿐이다. 상상력을 발휘하여 우리은하를 떠나 심우주로 나아간다면, 우리 눈에 우주는 어떻게 보일까? 아무리 큰 은하라 할지라도 광대한 우주 속에서는 작은 반딧불로 보일 뿐이다. 그런 희미한 반딧불이 몇 킬로미터 거리에 하나씩 띄엄띄엄 보이는 캄캄한 망망대해, 그것이 우주의 전형적인 풍경이다.

하지만 그럼에도 불구하고 우주가 완전히 검은 건 아니다. 우주는 수많은 은하와 별들로부터 나온 희미한 빛들로 가득 차 있기 때문이다.

우주의 밝기를 측정한 뉴호라이즌스. 지구로부터 70억km 이상 떨어진 어두운 우주공간에서 우주의 밝기에 관한 답을 보내왔다. (출처/STScI/Joe Olmsted)

연구에서 사용한 NOIRLab의 과학장비들은 지상 기반의 시설들이지만, 과학자들은 천문학에서 가장 원초적인 질문-우주는 얼마나 어두운가의 답을 찾아내기 위해 우주망원경의 데이터를 함께 활용했다. NOIRLab 과학자인 토드 라우어가 이끄는 연구팀은 뉴호라이즌스 과학연구팀과 우주망원경 과학연구소의 마크 포스트맨과 공동으로 우주의 밝기를 측정하는 과제에 착수했다.

이것은 결국 우주배경복사로 알려진 우주 전체의 빛(COB, Cosmic Optical Background)이 얼마나 되는가를 측정하는 일이다. 우주배경복사는 빅뱅 이후 45만 년 지난 우주에 대해 말해주지만, 우주 전체의 빛(COB)은 그후 생성된 모든 별들이 뿜어낸 빛의 총량을 말하며, 그 빛의 총량은 우주에 생성된 은하의 총 수와 은하들이 존재한 위치에 의해 결정된다.

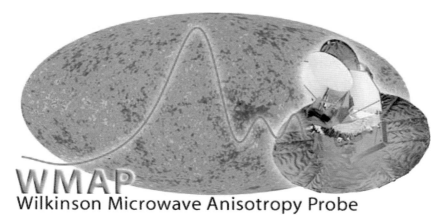

2001년 6월 30일 우주 마이크로파 온도의 미세한 차이를 측정하기 위해 발사한 윌킨슨 마이크로파 비등 방성 탐색기(WMAP)가 촬영한 우주배경복사. 푸른색일수록 온도가 낮다. (출처/ESA)

이 팀의 접근 방식의 핵심은 허블 우주망원경이나 지구 또는 내부 태양계 주변에서 작동하는 탐사선에 의존하지 않고, 태양계의 변방을 항행하는 뉴호라이즌스의 망원 카메라를 사용하는 것이었다.

2015년에 명왕성을 근접비행한 후 2019년에 카이퍼 벨트 천체인 아로코스를 스쳐간 뉴호라이즌스는 이제 지구에서 70억km 이상 떨어져 있다. 이 거리의 우주공간은 태양계의 빛공해가 비교적 적어 우주 전체의 빛을 측정하기 좋은 영역이다. 우리가 별을 보기 위해 빛공해가 심한 도심에서 멀리 떨어진 근교로 나가는 것과 같은 이치다.

내부 태양계는 분해된 소행성과 혜성에서 나온 작은 먼지 입자들로 가득 차 있다. 이런 작은 먼지 입자들에 의해 산란된 햇빛은 먼 우주에서 오는 희미한 배경 빛을 완전히 압도한다. 햇빛은 이 입자들을 반사시켜 지상의 관찰자들도 관찰할 수 있는 황도광(zodiacal light)이라는 빛을 만들어낸다. 허블 우주망원경이 강력하긴 하지만, 여전히 빛공해를 겪고 있기 때문에 이러한 관측을 하는 데는 적합하지 않다.

태양계의 변두리 지역에서 뉴호라이즌스는 우주공간의 본원적인 밝기를 측정하고, 우주를 채우고 있는 은하의 수를 추정할 수 있었다. 덕분에 허블 망원경이 볼 수 있는 가장 어두운 하늘보다 약 10배 더 어두운 심우주를 경험할 수 있었다.

'우주의 빛' 근원을 찾아라

연구팀은 은하수의 별빛과 성간 먼지의 반사와 같은 여러 잡광 요소들을 샅샅이 제거하고 측정 값을 수정했다. 그 같은 작업을 한 후에도 계산서에 약간의 빛이 남아 있는 것을 발견했다. 이 여분의 빛의 근원은 불분명하다.

가능성 중 하나는 근처에 탐지되지 않은 왜소은하들이 내는 빛일 수 있다는 것이다. 또 다른 가능성으로는 우리은하를 둘러싸고 있는 별들의 헤일로가 예상보다 밝을 수 있다는 것, 우주 전체에 퍼져 있는 떠돌이별들 때문일 수도 있다는 점, 또는 이론이 제시하는 것보다 더 희미하고 먼 은하계가 더 많을 수도 있다는 점 등을 꼽을 수 있다.

연구 결과 희미해서 셀 수 없던 은하들이 얼마나 많은가에 대한 상한선이 설정됐는데, 그 이전까지는 약 2조 개의 은하가 있을 것으로 추정했지만, 이번 연구에서는 그 수가 수천억 개에 불과한 것으로 조사됐다. 마크 포스트맨은 "이것은 우리가 알아야 할 중요한 숫자"라며 "우리는 확실히 2조 개의 은하에서 나오는 빛을 볼 수 없었다"고 밝혔다.

허블 우주망원경의 딥 필드 관측으로부터 도출된 은하 개수에 대한 초기 추정치는 1천억 개였다. 망원경이 더 발전한다면 이 숫자는 2천억 정도로 증가할 것으로 예측된다. 이 연구를 진행한 연구팀은 우주의 은하 90%는 가시광선을 관측하는 허블의 능력을 벗어난다는 결론을 내렸다.

반면 뉴호라이즌스 미션의 측정치에 의존했던 이번 연구에서는 훨씬 적은 수의 추정치를 제시했다. 토드 라우어는 "허블 망원경이 볼 수 있는 모든 은하를 두 배로 늘려보라. 그것을 우리가 보는 것이다. 하지만 그 이상은 없다"고 말한다.

우주의 밝기를 만들고 있는 빛의 근원이 무엇인지, 그에 대한 정확한 답은 나사의 제임스웹 우주망원경을 통해 얻을 수 있을 것으로 과학자들은 기대하고 있다.

빅뱅은 왜 일어났을까?
빅뱅 이전에는 무엇이 있었을까?

이 질문보다 과학자들을 골치 아프게 하는 것도 없을 것이다. 첫째 질문에 대한 과학자들의 모범 답안은 "과학은 '왜'라는 물음에 답하는 것이 아니라, '어떻게'라는 물음에 답하는 학문"이라는 것이다. 즉, 빅뱅이 왜 일어났는가에 대한 답을 추구하는 게 아니라, 어떻게 일어났는가를 연구하는 것이 과학이라는 주장이다.

두 번째 질문에 대한 모범 답안은 "빅뱅과 함께 시간과 공간이 창조되었으므로, 그 전이란 말은 의미가 없는 것이다. 그것은 마치 북극점에 서서 북쪽이 어디인가를 묻는 것과 같다"는 것이다.

어쨌든 빅뱅이 왜 일어났는가 하는 질문에 대해 보다 진전된 답안을 작성해본다면 다음과 같다.

"우주는 에너지가 무한대의 밀도로 응축된 초고온의 극미점(極微點), 곧 특이점에서 시작되었다. 그 특이점 역시 '무(無)'에서 나타났다. 그러니까 우주는 무에서 생겨난 것이다."

그런데 극미세계를 지배하는 법칙은 양자론인데, 양자론에서 볼 때 '무'의 상태란 있을 수가 없다. 아무리 빈 공간이라 하더라도 거기에는 불확정성 원리에 따른 양자요동, 곧 가상입자들이 끊임없이 쌍생성과 쌍소멸을 하는 곳이다. 실제로 진공 속에 금속판 2장을 마주 보게 두면 진공 에너지를 검출할 수 있다. 이것이 카시미르 효과라는 현상이다. 또 극미세계에서는 매우 짧은 시간에 입자가 확률적으로

빅뱅의 순간을 표현한 상상도. 원시 원자에서 태어난 우주는 최초의 아주 짧은 순간에 엄청난 속도로 팽창했다. (출처/ESA – XMM Newton, NASA)

에너지 벽을 뚫을 수 있는데, 이를 터널 효과라 한다.

스티븐 호킹에 의하면, 유한한 우주가 시간도, 공간도, 에너지도 0인 '무'의 상태에서 이 터널 효과로 에너지의 벽을 뚫고서 돌연 태어났다고 한다. 따라서 빅뱅은 왜 일어났는가 하는 질문에 대해 현시점까지 작성된 모범 답안은 이렇다.

"빅뱅은 무에서 양자요동과 터널 효과에 의해 돌연 일어났다. 빅뱅은 모든 것의 기원이므로 그 이전의 과거 따위는 없다. 즉, 우주가 시작된 방법을 파악할 '원인'이란 건 존재하지 않는다."

관측 가능한 우주에는 원자가 몇 개나 있을까?

놀랍게도 우리는 그 원자 수를 다 셀 수 있다

우리 몸을 비롯해 세상 만물은 모두 원자로 구성되어 있다.

우주 속의 모든 구성물질은 자연계에 존재하는 92종의 원소로 이루어진 것이다. 또 원자는 양성자와 중성자가 결합해 양전하를 띤 핵과 음전하를 띤 전자로 이루어진다.

원자가 가지고 있는 양성자, 중성자, 전자의 수는 원자가 주기율표에서 어떤 종족에 속하는지 결정하고, 주변의 다른 원자와 반응하는 방식에 영향을 미친다. 우리 주변에서 볼 수 있는 모든 물질들은 서로 다른 원자들이 독특한 방식으로 상호작용하는 구성체일 뿐이다.

모든 것이 원자로 이루어져 있다면, 이 우주를 만들고 있는 원자의 수는 대체 몇 개나 되는지 알 수 있을까? 놀랍게도 그 개수를 계산해낼 수 있는 방법이 있다.

우선 우리 몸을 이루는 원자 수를 세는 것에서부터 시작해보자. 우리 몸은 대략 평균적으로 7×10^{27}개의 원자로 구성되어 있다. 이는 7 다음에 0이 27개나 붙어 있는 엄청난 숫자다.

한 사람에게 이처럼 방대한 양의 원자가 있다는 사실을 감안할 때, 전체 우주에 얼마나 많은 원자가 있는지 결정하는 것이 얼핏 불가능하다고 생각할 수도 있다. 약간 다른 의미에서 이 같은 생각은 옳을 수도 있다. 왜냐하면, 이 우주는 우리가 관측할 수 없을 정도로 커서 현재 그 정확한 크기를 알 수 없기 때문이다.

하지만 문제를 조금 단순화시켜 관측 가능한 우주에 있는 원자 수로 한정한다면, 몇 가지 우주론적 가정과 약간의 수학을 사용하여 관측 가능한 우주에 얼마나 많은 원자가 있는지 대략적으로 계산해낼 수 있다.

관측 가능한 우주

우주는 138억 년 전 빅뱅으로부터 출발했다. 질량과 온도가 무한대인 점인 '원시원자'가 폭발하여 우주가 생겨났고, 그때 시작된 팽창은 지금 이 시간에도 계속되고 있는 중이다. 이것이 언제 멈추어질는지는 아무도 모른다.

어쨌든 우주의 나이가 138억 년이라는 사실은 이제 정설이 되어 여기에 이의를 제기하는 과학자는 거의 없다. 빅뱅에서 시작하여 우주가 지금까지 빛의 속도로 팽창하고 있다면, 관측 가능한 우주는 모든 방향으로 138억 광년 거리까지 확장되었다고 생각하기 쉽다. 하지만 우주는 그보다 더 크다. 빅뱅 직후에 빛보다 더 빠른 팽창이 이루어졌기 때문이다. 우주론에서는 이를 '인플레이션'이라 한다.

그렇다면 어떤 이는 이런 질문을 할 수도 있다. 우주에 빛보다 빨리 움직이는 것은 없는데, 어떻게 우주가 빛보다 빨리 팽창할 수 있는가? 이에 대한 정답은 이렇다. "우주의 팽창은 물질의 운동이 아니라 공간 자체가 팽창하는 것이기 때문에 가능하다."

나사에 따르면, 현재 우리가 알고 있는 우주의 크기는 약 930억 광년이다.

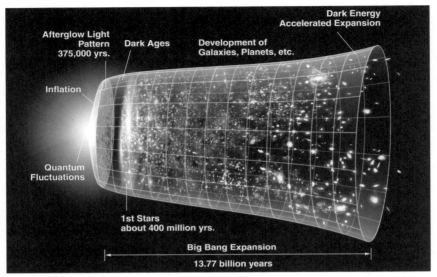

138억 년 전에 출발한 우주는 현재 930억 광년 크기까지 팽창했다. (출처/NASA)

즉, 우리가 관찰할 수 있는 우주는 실제로 모든 방향으로 465억 광년 거리까지 뻗어나갔다는 뜻이다.

그러나 관측 가능한 우주의 크기를 안다고 해서 그 안에 얼마나 많은 원자가 있는지 다 알 수 있는 것은 아니다. 그 우주 안에 얼마나 많은 물질이 담겨 있는지 알아야 한다.

더욱이 물질만 우주에 있는 것이 아니다. 나사 발표에 따르면, 물질이 우주에 차지하는 비중은 4%에 지나지 않는다. 나머지 96%가 암흑 에너지와 암흑물질이라는 뜻이다. 그런데 이들은 원자로 구성되어 있지 않다. 그래도 '우주의 산수'를 하는 데는 별 지장이 없다. 이 문제는 아인슈타인이 해결해주었다. 아인슈타인의 유명한 $E=mc^2$ 방정식에 따르면, 에너지와 질량(물질)은 상호 교환이 가능하기 때문에 물질이 에너지로 생성되거나 에너지로 변환될 수 있다.

지금까지 우주에 대한 우리의 관찰에 따르면, 우주를 지배하는 물리 법칙은 어디에서나 동일하다. 이에 더해 우주의 팽창이 일정하다고 가정한다면, 우주 스케일에서 볼 때 물질은 우주 전체에 균일하게 분포되어 있음을 의미한다. 이는 우주론적 원리로, 우주의 등방성이라 한다. 다시 말해, 우주의 다른 영역보다 더 많은 물질을 가진 특정 영역은 없다는 뜻이다.

이 아이디어를 통해 과학자들은 관측 가능한 우주에서 별과 은하의 수를 정확하게 추정할 수 있다. 또한 대부분의 원자가 별과 성운에 집중되어 있기 때문에 '우주 산수'가 생각보다 그리 어려운 것은 아니다.

간단한 계산을 위한 조건들

관측 가능한 우주의 크기와 물질이 균일하고 유한하게 분포되어 있다는 사실을 알면 우주의 원자 수를 쉽게 계산할 수 있다. 그러나 계산기를 꺼내기 전에 몇 가지 가정을 더해야 한다.

첫째, 우리는 모든 원자가 별에 포함되어 있지 않더라도 별 안에 거의 집중적으로 있다고 가정해야 한다. 불행히도 우리는 별에 비해 관측 가능한 우주에 얼마나 많은 행성, 달, 우주 암석이 있는지에 대한 정확한 정보를 갖고 있지 않다. 그러나 우주에 있는 원자의 대다수는 별 안에 포함되어 있기 때문에, 다른 것은 무시하고 별에 있는 원자 수만 파악하면 우주의 원자 수에 대한 좋은 근사치를 얻을 수 있다.

둘째, 우주의 모든 원자가 수소 원자는 아니지만, 수소 원자라고 가정하면 계산이 훨씬 간단해진다. 로스 알라모스 국립연구소에 따르면, 수소 원자가 우주 전체 원자의 약 90%를 차지하며, 나머지의 9%는 헬륨, 기타 중원소들은 1% 미만이다.

드디어 대망의 수학 시간이 돌아왔다

관측 가능한 우주의 원자 수를 계산하려면 우주의 질량을 알아야 한다. 즉, 별이 몇 개 있는지 알아야 한다. 유럽우주국에 따르면, 관측 가능한 우주에는 약 2조 개의 은하가 있으며, 각 은하에는 대략 1천억~1조 개의 별이 포함되어 있다. 평균 5천억 개로 치자. 그러면 우리 우주에 존재하는 별의 총 개수는 약 10^{24}개라는 뜻이다. 물론 이것은 최선의 추측인 평균치일 뿐이다.

알려진 별의 평균 무게는 약 10^{32}kg이며, 이를 기반으로 하면 암흑 에너지와 암흑물질을 포함한 전체 우주의 물질 질량이 약 10^{56}kg임을 알 수 있다.

그러면 그 안에 얼마나 많은 원자가 들어 있을까? 일리노이에 있는 페르미 국립 가속기 연구소에 따르면, 물질 1g에는 평균적으로 약 10^{24}개의 양성자가 있다. 이것은 각 수소 원자가 하나의 양성자를 가지기 때문에 수소 원자의 수와 같다는 것을 의미한다.

이것은 관측 가능한 우주에서 10^{83}개의 원자 수가 있음을 가리킨다. 숫자로 나타내면 다음과 같다.

"100,000,000,000,000,000,000,000,000,000,000,000,000,000,000,000,000,000,000,000,000,000,000,000,000,000,000,000,000개 원자."

이 수치는 수많은 근사치와 가정을 기반으로 한 대략적인 추측이다. 그러나 관측 가능한 우주의 실제 상황과 그리 동떨어진 수치는 아닐 것이다. 그렇다면 10^{83}이라는 수는 과연 얼마나 큰 수일까? 동양권 숫자의 가장 큰 단위인 무량대수(無量大數, 10^{68})보다도 10^{15}배 큰 어마무시한 숫자지만, 10^{100}인 구골(Googol)에는 한참 못 미치는 수다.

10^{83}개 원자들이 만드는 우주는 얼마나 물질로 충만해 있을까? 그래봤자 광막한 우주공간의 1조분의 1 정도를 채우고 있을 뿐이라고 한다. 그래서 영국의 천문학자 제임스 진스(1877~1946)는 우주의 물질 밀도에 대해 "큰 성당 안에 모래 세 알을 던져넣으면, 성당 공간의 밀도는 수많은 별을 포함하고 있는 우주의 밀도보다 높게 된다"고 말했다.

우주는 사실 텅 빈 공간이나 다를 바가 없는 태허(太虛)인 것이다.

우주는 지상 몇 km부터 시작될까?

현재 국제적으로 고도 100km 이상을 우주라고 정의하고 있다. 이 고도 100km 경계를 '카르만 선'이라 하는데, 이것이 국제항공연맹(FAI)이 규정한 지구와 우주의 경계다. 그러니까 국제적으로 고도 100km를 넘어선 비행이라야 우주에 다녀온 것으로 공식 인정된다는 뜻이다. 카르만 선은 헝가리계 미국의 엔지니어이자 물리학자인 테오도르 폰 카르만(1881~1963)이 도입한 것이다.

그런데 이 100km 선이 아래로 20km는 더 내려와야 한다는 연구가 발표되어 관심을 끌고 있다. 과연 우주의 경계는 무엇을 기준으로 정하며, 왜 20km 더 끌어내려야 할까?

미국 하버드-스미소니언 천체물리학연구소의 조너선 맥도웰 박사가 새 연구를 내놓았는데, 그의 계산이 정확하다면, 지구 대기의 영역은 더욱 축소되고, 우주의 경계가 기존의 개념보다 20km 더 가까이 있다는 사실을 받아들여야 한다.

맥도웰의 논문에 따르면, 많은 과학자들이 받아들이는 카르만 선은 실제 궤도 데이터를 고려하지 않은 잘못된 데이터 해석을 기반으로 설정된 것이다. 데이터를 해석하는 일은 맥도웰의 장기로, 그는 여가 시간이 나면 지구상의 모든 로켓 발사 기록을 세심하게 수집하고 해석한다. 이런 작업 결과 맥도

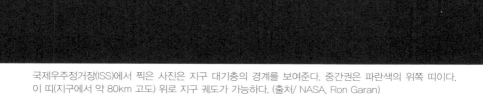

국제우주정거장(ISS)에서 찍은 사진은 지구 대기층의 경계를 보여준다. 중간권은 파란색의 위쪽 띠이다. 이 띠(지구에서 약 80km 고도) 위로 지구 궤도가 가능하다. (출처/ NASA, Ron Garan)

웰은 "우주는 어디에서 시작됩니까?"라는 질문에 확실한 해답을 찾아냈다는 것이다.

맥도웰이 북미항공우주방위사령부(NORAD)에서 수집한 약 4만 3,000개의 인공위성 궤도 데이터를 검토한 결과, 그들은 카르만 선보다 훨씬 높은 궤도를 선회했으며, 궤도 공간에 잘 안정되어 있음을 확인할 수 있었다.

그러나 이들 위성 중 약 50기의 움직임이 눈에 띄었는데, 미션이 끝나고 지구 대기권으로 재진입하는 동안, 이 위성들은 100km 이하 고도에서 지구를 적어도 2회 완전 선회했다. 예컨대, 1977년 소련의 일렉트론-4 위성은 85km 고도에서 지구 궤도를 10번 돈 끝에 대기권으로 들어와 불탔다.

이 사건들로부터 우주의 물리학이 여전히 카르만 선 아래에서 확정적이지

우주에서 본 지구 풍경. 2025년 2월 26일, 인튜이티브 머신스 사의 IM-2 달 착륙선인 아테나가 발사된 직후 이 지구의 모습을 포착했다. 사진 하단에는 아테나를 발사한 스페이스X 팰컨 9 로켓의 2단계가 보인다. (출처/Intuitive Machines)

않음이 분명히 드러났다. 맥도웰은 수학적 모델을 사용하여 다양한 위성이 마침내 궤도를 벗어나 대기권에서 불타는 정확한 지점을 찾아냈다. 그것은 고도 66~88km 사이에 있었다. 보통 우주선이 고도 80km 이하로 떨어졌을 때 다시 우주로 돌아갈 희망은 없는 것으로 밝혀졌다.

지구 대기의 가장 차가운 벨트인 중간권(mesopause)은 지구 표면 위로서 대략 50~80km 정도 뻗어 있다. 여기에서 대기의 화학적 조성은 크게 변화하기 시작하고 대전 입자는 더욱 풍부해진다. 맥도웰은 중간권 아래쪽 경계 이하에서 지구의 대기가 공기 중의 물체를 부양할 수 있는 강한 양력을 발생할 수 있는 것이 분명하다는 결론을 내렸다.

맥도웰이 새로운 우주의 경계로 고도 80km를 선택한 것은 이런 이유들을 감안한 결과였다. "유성이 70~100km 고도 범위에서 보통 붕괴되는데, 이는 이곳이 대기의 중요한 구역이라는 증거 중 하나라는 것에 주목할 가치가 있다"라고 맥도웰은 밝혔다.

우주는 고도 80km부터 시작된다. 지구상에서의 일상적인 삶이 당신을 힘들게 할 때, 우주가 조금 더 내게 가까이 다가왔다고 생각하면 조금은 기운을 얻을 수 있을지도 모른다.

Chapter 5

인간과 우주

우주는 자연이자 동시에 신이다.

| 스피노자, 네덜란드 철학자 |

'빵'에서 원자 개념을 잡아낸 고대의 천재 데모크리토스

'세계는 원자로 이루어져 있다'

아인슈타인 이후 최고의 천재로 일컬어지는 미국의 양자물리학자 리처드 파인만은 원자에 대해 이렇게 한 마디로 규정했다. "다음 세대에 물려줄 과학지식을 한 문장으로 요약한다면, '모든 물질은 원자로 이루어져 있다'는 것이다."

이처럼 원자는 물질세계의 가장 기본적인 질료이자 현대 물리학의 화두이다. 현대문명의 총화인 컴퓨터, TV, 휴대폰 등 모든 전자기기들은 원자의 과학인 양자론 위에 서 있는 것들이다. 물리는 원자에서 시작하여 원자로 끝난다고 할 수 있다.

그런데 원자의 크기는 대체 얼마나 될까? 전형적인 원자의 크기는 10^{-10}m다. 1억분의 1cm란 얘기다. 상상이 안 가는 크기다. 중국 인구와 맞먹는 10억 개를 한 줄로 늘어놓아야 가운데 손가락 길이만한 10cm가 된다. 각설탕만한 $1cm^3$의 고체 속에는 이런 원자가 10^{23}개쯤 들어 있다. 얼마만한 숫자인가? 지구의 모든 바다에 있는 모래알 수와 맞먹는 숫자다.

원자의 속고갱이인 원자핵의 크기는 얼마나 될까? 약 10^{-15}m다. 원자의 10만분의 1 정도다. 그렇다면 원자의 크기는 무엇으로 결정되는가? 원자핵을 중심으로 돌고 있는 전자 궤도가 결정한다. 결론적으로 말하면, 원자는 그 부피의 10^{-15}(부피는 세제곱), 곧 1천조분의 1을 원자핵이 차지하고, 그 나머지는 모두 빈 공간이라는 말이다.

이게 대체 얼마만한 공간일까? 원자가 잠실 야구장만 하다면 원자핵은 그 한가운데 있는 콩알보다도 더 작다. 지구상의 모든 물질을 원자핵과 전자의 빈틈없는 덩어리로 압축한다면 지름 200m의 공이 된다. 자연은 원자를 제조하는 데 너무나 많은 공간을 남용했다고 해도 할 말이 없을 것 같다.

17세기 네덜란드 화가 헨드리크 테르브뤼헨의 '데모크리토스'(1628). 세계는 원자로 이루어져 있다고 갈파한 데모크리토스는 항상 큰 소리로 웃어 '웃는 철학자'란 별명을 얻었다.

물질을 세분해가면 분자 → 원자 → 원자핵 등으로 세분화되고, 마지막에 더이상 나눌 수 없는 가장 작은 알갱이에 이르게 되는데, 이를 소립자라고 한다. 소립자는 현재까지 발견된 물질을 구성하는 가장 작은 단위의 입자이다. 이러한 물질의 최소단위를 연구하는 학문을 소립자 물리학이라 하는데, 우주의 기본 입자를 연구하는 물리학의 한 분야다. 가장 먼저 발견된 소립자는 1897년 영국의 물리학자 존 톰슨에 의해 발견된 전자다.

20세기에 접어들어 원자와 소립자에 대한 연구가 본격적으로 시작되었는데, 이 소립자 물리학의 역사는 기원전 4세기까지 거슬러올라간다. 무려 2,400년의 역사를 갖고 있다는 말이다.

최초의 '원자 개념'은 갓 구운 빵에서 나왔다

고대 그리스 철학자 중 "물질의 최소 단위를 모르고서는 결코 우주를 이해할 수 없다"고 말한 사람은 바로 플라톤(BC 427~347)이었다. 그는 또 "우주는 왜 텅 비어 있지 않고 무언가가 존재하는가?" 하고 물었다. 물질의 기원에 관한 가장 원초적인 질문이었다. 물론 그러한 질문에 제대로 답할 만한 과학이 당시엔 없었다.

그러나 물질에 대해 가장 독창적이고 놀라운 주장을 한 사람이 나타났다. 기원전 5세기 그리스의 데모크리토스(BC 460~380)였다. 세계는 모두 원자로 이루어져 있다는 원자설(atomism)을 주창한 것인데, 원자설이란 '세계의 모든 사상(事象)을 원자와 그 운동으로 설명하려는 학설'이다.

소크라테스(BC 470년께~399)와 동시대 인물인 데모크리토스는 지식을 얻는 방법에 대해 "지식은 두 가지 방법으로 얻을 수 있다. 지성에 의해 타당한 추론을 얻을 수 있고, 다른 방법은 모든 감각을 정교하게 동원해서 얻어낸 자료를 통해 추론하는 것이다"라고 말하고, 물질의 본성에 대해서는 "모든 물질은 더이상 나눌 수 없는 작은 것, 곧 원자(atomos)로 이루어져 있다"고 갈파했다.

그렇다면 데모크리토스는 아무런 과학적 관측 도구도 없었던 그 시대에 어떻게 만물이 원자로 이루어져 있다는 것을 알아냈을까? 데모크리토스가 '아토모스'를 착상하게 된 것은 놀랍게도 '빵' 때문이었다. 별다른 것이 아니라, 바로 우리가 늘상 먹는 빵이다.

길고 긴 단식 기간을 보낸 데모크리토스는 거의 단식이 끝나가던 어느 날, 뜻하지 않게 아토모스('더이상 나누어지지 않는'이라는 뜻)라는 개념을 떠올리게 되었다. 친구가 그가 있던 방 안으로 갓 구운 빵을 들고 들어 왔을 때였다. 데모크리토스는 고개를 들기도 전에 그것이 빵 임을 단박에 알 수 있었다. 그는 생각했다. '눈에 보이지 않는 빵 의 진수(essence)가 허공을 가로 질러 내 코에 도달했다.'

그는 빵 냄새를 공책에 적어놓 고는 '공간을 가로질러온 빵의 진수'에 대해 깊이 사색했다. 그

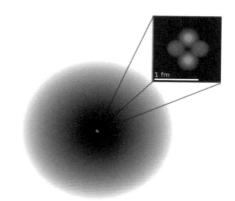

1 Å = 100,000 fm

헬륨 원자. 가운데 붉은 점이 핵, 주위의 검은 부분이 전 자구름이다. 1옹스트롬(Å)은 10^{-10}m 또는 0.1nm를 나타 낸다. (출처/wiki)

러고는 그가 관찰했던 작은 물웅덩이를 떠올렸다. 물웅덩이는 점점 작아지 다가 결국 말라붙어 사라진다. 왜 그럴까? 눈에 보이지 않는 물의 진수가 웅 덩이에서 빠져나가 멀리 사라진 것이다. 빵의 진수가 내 코를 자극하고 사라 진 것과 마찬가지로.

이 위대한 고대의 천재는 마침내 다음과 같은 결론에 도달하게 되었다. "모 든 물질은 더 이상 나눌 수 없는 작은 것, 곧 원자(atomos)로 이루어져 있으 며, 이것이 바로 물질의 보이지 않는 가장 작은 구성요소로서, 세계는 무수한 원자와 공(空) 외에는 아무것도 존재하지 않는다. 다른 것은 다 견해에 불과 하다."

그는 또 원자를 설명하면서 원자는 영원불변하며, 절대적인 의미에서 새 로 생겨나거나 사라지는 것은 아무것도 없으며, 사물들이 안정되어 있고 시

간이 흘러도 변하지 않는 까닭은 모든 원자들이 똑같은 크기를 갖고 자기가 차지하고 있는 공간을 꽉 메우고 있기 때문이라고 했다.

물론 오늘날 우리는 원자가 더 작은 입자들로 이루어진 보따리 구조라는 사실을 알고 있다. 따라서 데모크리토스가 말한 원자는 입자로 바꿔 생각해야 할 것이다. 어쨌든 데모크리토스가 말한 대로 물질을 계속 쪼개나가다 보면, 그 이름이 무엇이든 간에 물질의 최소 단위에 이르게 된다. 왜냐하면 물질을 무한히 쪼개나갈 수는 없기 때문이다.

현재 물질을 구성하는 궁극적인 최소단위, 곧 기본입자는 6종의 쿼크와 6종의 렙톤, 총 12가지로 알려져 있다. 이것들이 바로 데모크리토스가 말한 '아토모스'인 셈이다.

인간의 눈에는 결코 보이지 않는 극미의 원자. 그러나 이 원자들이 우주의 삼라만상을 이루고 있는 것이다. 참고로, 이 우주에는 총 10^{83}개 원자들로 이루어져 있으며, 그것들이 만드는 물질은 우주공간의 1조분의 1 정도를 채우고 있을 뿐이다. 그러니 우주는 사실 텅 빈 공간이나 다를 바가 없다. 우리는 그야말로 색즉시공(色卽是空)의 세계에서 살고 있는 것이다.

현대 물리학은 2,400년 전 물질의 최소 단위라는 개념을 싹틔운 데모크리토스의 '아토모스' 착상에서부터 출발했다고 해도 과언이 아니다.

핼리 혜성과 함께 떠난 마크 트웨인

공포의 대마왕

묘하게도 동서양이 혜성에 대해서는 하나의 일치된 관념을 갖고 있었는데, 그것은 혜성 출현이 불길한 징조라는 것이다. 왕의 죽음이나 망국, 지진, 큰 화재, 전쟁, 전염병 등 재앙을 불러오는 별이라고 믿었다. 고대인에게 혜성은 '공포의 대마왕'으로 두려움의 대상이었던 것이다.

혜성의 시차를 측정하여 혜성이 지구 대기상에서 나타나는 현상이 아닌 천체의 일종임을 최초로 밝혀낸 사람은 16세기 덴마크의 천문학자 튀코 브라헤(1546~1601)였다. 이는 아리스토텔레스의 우주관을 뒤엎은 대단한 발견이었다. 아리스토텔레스는 달을 경계로 삼아 지상과 천상의 세계를 엄격하게 나누었는데, 무상한 지상의 세계와는 달리 천상의 세계는 변화가 없는 완전한 세계라고 주장했다. 그러나 튀코의 이 발견으로 천상의 세계 역시 무상하다는 것이 밝혀진 셈이다.

혜성이 태양계의 구성원임을 입증한 사람은 17세기 영국의 천문학자 에드먼드 핼리(1656~1742)였다. 튀코가 혜성을 발견한 지 약 1세기 후인 1682년, 핼리는 어느 날 혜성을 본 후 옥스퍼드 대학 도서관에 있던 옛날 혜성 기록을 뒤져보았다. 그 결과 1456년, 1531년, 1607년에 목격된 혜성이 자기가 본 것과 비슷하다는 점을 깨닫고, "이 혜성은 불길한 일을 예시하는

핼리 혜성. 1986년 3월 8일에 찍었다. (사진/W. Liller)

별이 아니라, 76년을 주기로 지구 주위를 타원 궤도로 도는 천체로, 1758년 다시 올 것이다"라고 예언했다.

그는 자신의 예언을 확인하지 못하고 죽었지만, 과연 1758년 크리스마스 밤에 이 혜성이 나타난 것을 독일의 한 농사꾼 아마추어 천문가가 발견했다. 이로써 이 혜성이 태양을 끼고 도는 하나의 천체임이 증명되었고, 핼리의 업적을 기리는 뜻에서 '핼리 혜성'이라 이름지었다.

핼리 혜성에 얽힌 한 소설가의 슬픈 사연

핼리 혜성에는 한 소설가의 슬픈 사연이 얽혀 있다. 〈톰 소여의 모험〉, 〈허클베리 핀의 모험〉 등으로 우리에게도 친숙한 미국 작가 마크 트웨인이 그

주인공으로, 그는 핼리 혜성이 온 1835년에 태어나서, 혜성이 다시 찾아온 1910년에 세상을 떠났다.

그는 가난한 집안에서 태어나 초등학교 졸업 후 막노동판을 전전하다가 미시시피 강의 수로 안내인을 오래 했다. 본명 새뮤얼 랭혼 클레먼스 대신 '수심 두 길'이라는 뜻의 '마크 트웨인'으로 알려진 것은 그 때문이다. 〈백경〉의 작가인 허먼 멜빌이 자신이 탄 포경선이 자기의 하버드나 예일 대학이라고 말한 것처럼, 트웨인에게도 미시시피 강은 하버드이며 예일 대학이었다.

어쨌든 막노동과 독서를 바탕으로 대작가의 반열에 올랐던 트웨인은 젊은 시절 인기 작가로 거부를 쌓았지만, 만년에는 사업과 주식 투자의 실패로 어려움을 겪었다. 게다가 70세 때 아내와 장녀인 수지가 잇따라 세상을 떠나고, 몇 년 후에는 셋째 딸마저 간질로 그 뒤를 따랐다. 남은 자식이라고는 둘째 딸 클라라뿐이었다. 그는 실의에 빠진 채 불우한 만년을 보냈는데, 유일한 즐거움은 과학책을 읽는 것이었다.

트웨인은 죽기 얼마 전인 1909년 "나는 1835년에 핼리 혜성과 같이 태어났으니, 1910년에 핼리 혜성과 함께 지구를 떠나지 않으면 내 생애 가장 큰 실망거리가 될 것"이라고 말했다. 그런데 그가 세상을 떠나던 하루 전날 1910년 4월 20일 오후 6시 20분, 핼리 혜성이 밝은 빛을 내며 하늘에 궤도를 그리고 있었다고 한다. 그리고 이튿날 밤인 4월 21일 별이 뜰 무렵, 트웨인은 딸 클라라의 손을 잡고 "안녕 클라라, 우린 꼭 다시 만날 수 있을 거야"라는 말을 남기고 눈을 감았다. 이 우연의 일치에 천문학자들뿐만 아니라 프레드 휘플 같은 회의적인 과학자조차 놀랐다고 한다.

뉴욕의 어느 장로교회에서 3,000여 명의 조객이 모인 가운데 열린 마크

마크 트웨인. 초등학교 졸업 후 독서
와 막노동을 바탕으로 대작가의 반열
에 올랐다.

트웨인의 장례식에서 평생 친구였던 출판사 편집인 하월스는 트웨인을 이렇게 추도했다.

"에머슨, 롱펠로, 로웰, 홈스. 나는 그들을 다 잘 알고, 모든 우리의 성인들, 시인들, 선견자들, 비평가들, 해학가들을 잘 알고 있다. 그들은 서로 닮고, 다른 문인들을 닮았다. 그러나 클레먼스만은 어느 누구와도 비교할 수 없는 우리 문학계의 링컨이다."

2008년 7월 14일자 미국의 시사 주간지 〈타임〉은 19세기 미국 작가 마크 트웨인을 커버 스토리로 실으면서 선정 이유를 세 가지로 요약했다. 첫째, 사람들의 정치관을 바꾸어놓았다. 둘째, 인종 문제에 있어 선견지명을 갖고 있었다. 셋째, 작품을 통해 오늘의 미국 독자들에게 가르침을 주었다.

핼리 혜성이 가장 최근에 나타난 해는 1986년이었고, 다음 방문은 2061년으로 예약되어 있다. 필자뿐 아니라 현재 지구 행성에서 살고 있는 80억 인구 중 적어도 3분의 1은 그때 핼리 혜성이 태양을 향해 달려가는 장관을 볼 수 없을 것이다.

핼리 혜성은 앞으로 약 1,000번 더 지구를 방문한 뒤 7만 6,000년 후에 수명을 다하게 된다.

조선 최고의 우주론자 홍대용

조선의 별지기 성리학자

조선 후기의 실학자인 홍대용(洪大容, 1731~1783)은 자기 집에 사설 천문대를 만들어 혼천의 등 천문의기들을 갖추어놓고 천문을 연구한 끝에 선구적인 과학사상을 펼친 독특한 학자였다.

그의 개인 천문관측소는 1762년 충남 천안시 동남구 수신면 수촌마을에 있던 자신의 생가에 만들어졌다. 그는 1759년(영조 35) 나주에 있는 기술자 나경적에게 의뢰해 3년간의 작업 끝에 혼천의와 서양식 자명종을 만들었다.

이렇게 만든 천문의기를 그는 자기 집 남쪽 마당에 호수를 파고 그 가운데에 정자를 지어 그 안에 보관하고, 이 관측소를 두보의 시 한 구절에서 따서 농수각(籠水閣)이라 불렀다. 여기서 그는 천체를 관측하고 관련 서적을 구해 연구하면서 당대 조선에서 최고의 우주론자가 되었다.

호를 담헌(湛軒)이라 한 홍대용은 벼슬을 하지 않고 평생을 실학 공부에 정진하여, 고학(古學), 상수학(象數學), 수학, 음악 등에 통달한 북학파의 선구자였다. 29세 때 혼천의를 만들고, 35세 때 연행에 함께한다.

1765년(영조 41) 35세 때 숙부인 홍억이 서장관으로 청나라에 갈 때 군관으로 수행, 3개월여를 북경에 묵으면서 서양 문물을 배우는 한편, 청나라 관상대를 여러 번 방문, 견학하여 천문 지식을 습득한 데 이어, 청나라 학자

청나라 문인 엄성이 그린 홍대용

홍대용의 우주론이 담긴 〈담헌서〉.
〈의산문답〉이 수록되어 있다.

인 엄성, 반정균, 육비 등과 담론하며 경의(經義), 성리(性理), 역사, 풍속 등을
토론하고 돌아왔다.

현대 우주론이 담긴 〈의산문답〉

그의 대표 저서인 〈의산문답(醫山問答)〉은 바로 이 연행의 체험을 포함하
고, 자신의 학문적 성취와 철학을 집대성하여 엮은 책이다.

홍대용은 여기서 지구 구형설을 비롯해 지전설, 무한우주론 등을 주장했
는데, 이는 당시 조선에서 가장 선진적인 우주론으로, 먼저 지구 구형설을 살
펴보면 다음과 같다.

"달이 해를 가리면 일식이 된다. 그런데 가려진 모습을 보면 반드시 둥
그니, 그것은 달의 모양이 둥글기 때문이다. 또 우리가 사는 땅이 달을

가리면 월식이 된다. 이때 가려진 부분의 모양을 보면 그것은 땅의 모양이 둥글기 때문이다. 그러니 월식이란 우리가 사는 땅을 비추는 거울이라 할 수 있다. 그런데 월식을 보고도 땅이 둥근 줄을 모른다면, 그것은 마치 거울로 자기 얼굴을 비춰보면서도 제 얼굴인 줄을 알아보지 못하는 것과 같다."

지동설에 대해서는 중력 개념을 이용하면서 이렇게 설명한다.

"우리가 사는 땅은 하루에 한 바퀴씩 돈다. 그 둘레는 9만 리*이며, 하루는 12시간**이다. 그런데 9만 리나 되는 넓은 둘레를 12시간에 돌게 되니, 그 속도는 천둥이나 포탄보다 빠르다. 이렇게 빠르게 돌기 때문에 하늘의 기가 격렬하게 부딪치며 허공에 쌓이고 땅에 모이게 된다. 그래서 위아래로 작용하는 힘이 생기게 된다. 이것이 우리가 사는 땅의 중력이다. 땅에서 멀어지면 이런 힘은 사라진다."

* 중국의 리는 약 0.5km다. 9만 리는 약 45,000km로, 실재 지구 둘레 4만km에 근접한다.
** 조선시대의 하루는 12시간, 96각이다. 1각은 지금의 15분.

홍대용이 설명하는 중력의 개념은 물론 맞지 않다. 영국의 아이작 뉴턴이 우주 만물이 질량의 곱에 비례하고 거리에 반비례하는 힘으로 서로를 끌어당긴다는 이른바 만유인력의 법칙을 발표한 것은 1687년으로, 홍대용이 〈의산문답〉을 쓴 1766년보다 80여 년 전의 일이다. 그런 만큼 뉴턴의 중력 이론이 아직까지 조선에까지는 알려지지 않았다는 얘기가 되겠다.

그러나 홍대용은 중력의 원인은 몰랐지만, 그 현상에 대해서는 비교적 명확한 인식을 갖고 있었다.

> "중국은 서양과 경도 차이가 180도다. 그런데 중국 사람들은 중국을 중
> 심으로 여기고, 서양은 지구 중심의 반대쪽에 거꾸로 사는 곳으로 여긴
> 다. 반대로 서양 사람들은 서양을 중심으로 여기고 중국을 중심의 반대
> 쪽에 거꾸로 사는 곳이라 생각한다. 하늘을 이고 땅을 밟기는 어느 곳이
> 든 다 마찬가지다. 옆으로 사는 곳도 없고 밑에서 사는 곳도 없다. 모든
> 곳이 다 중심이다."

홍대용이 놀라운 통찰을 보이는 지점은 무한우주론이다.

> "우주는 본디 고요하고 비어 있는데, 기(氣)로 가득 차 있다. 우주는 안
> 도 없고 바깥도 없으며, 시작도 없고 끝도 없다."

안팎도 따로 없고 중심과 가장자리도 없다는 이 같은 우주구조는 20세기
들어 아인슈타인이 오랜 사색 끝에 도달한 내용이다. 이른바 "우주는 유한하
지만, 그 경계는 없다"는 주장이다.

풀이하자면, 우주는 3차원 공간에 시간 1차원이 더해진 4차원의 시공간으
로 휘어져 있어 중심도 경계도 없다. 2차원 구면이 중심이나 경계가 없는 것
과 같은 이치다. 그러므로 만약 무한 사정거리의 총알을 발사한다면 그 총알
은 우주를 돌아 발사된 장소로 되돌아온다는 것이다.

아인슈타인의 우주구조와 같은 '무한우주론'

홍대용은 또 무한우주에 대해 이런 설명을 덧붙인다.

> "하늘에 가득 찬 별들은 모두 각각 자기 세계가 있다. 별들의 세계에서 본다면, 지구도 역시 하나의 별일 뿐이다. 끝없는 세계가 우주에 흩어져 있는데, 오직 지구만이 우주의 중심에 있다는 것은 있을 수 없는 일이다."

20세기 들어 미국 천문학자 에드윈 허블이 안드로메다 대성운까지의 거리를 측정하고, 안드로메다 성운이 우리은하 안의 천체가 아니라 외부 은하임을 증명하기 전까지 서구 과학자들은 우리은하가 전체 우주라고 생각했다. 그러나 18세기 조선의 우주론자는 그들을 뛰어넘는 엄청난 통찰을 보여준다.

> "은하란 여러 별들의 세계를 묶어서 하나의 세계처럼 말한 것이다. 은하세계는 우주공간을 둥글게 돌며 하나의 고리를 이루고 있다. 이 고리 가운데에는 많은 별들이 있는데, 그 수가 몇천만이다. 해나 지구 등 우리가 아는 별들은 그중 일부다. 은하는 우주공간에 있는 하나의 큰 세계인 셈이다. 그러나 이것도 지구에서 볼 때 그렇다는 뜻이다. 지구에서 보이는 것 밖으로 은하 세계와 같은 것들이 몇천만억이나 되는지는 알 수 없다. 내 작은 눈으로 본 것을 가지고 은하가 제일 큰 세계라고 말할 수 없다."

이는 정확히 현대 천문학이 우주를 보는 시각이라 할 수 있다.

홍대용의 우주론은 역사철학과 세계관으로 확장되는데, 그는 "하늘의 입장에서 보면 사람과 만물은 모두가 균등하다"라는 경물(敬物) 사상을 피력했는데, 이는 후에 천도교의 해월 최시형에게까지 이어져 경천·경인·경물의 삼경사상으로 열매 맺었다.

사물까지 공경해야 한다는 홍대용의 우주관은 과학과 종교를 넘어 현재 우리가 처해 있는 인류의 위기를 구해줄 수 있는 사상으로, 18세기 조선의 한 우주론자가 남겨준 소중한 유산이라 할 수 있다. 이런 면에서도 홍대용은 조선 후기의 가장 빼어난 과학사상가였다.

조선시대 '우주 덕후'가 관상감에 취직하려면…

조선 '우주 덕후'들의 꿈의 직장

만약 당신이 천문-우주 분야에 관심이 깊고 관련 정부기관에서 일하고 싶다면, 먼저 대학의 천체물리학과 등에서 공부하고 한국천문연구원에 시험 봐서 취업하면 된다. 그런데 만약 조선시대에 태어났다면 어떻게 하면 될까?

관상감(觀象監)이란 기관에 취직하면 되는데, 우선 이 기관에 대해 미리 잘 공부해둬야 한다. 관상관은 한국천문연구원에다가 기상청까지 겸한 기구로, 천문학뿐 아니라 지리학·역수(曆數, 책력)·측후(測候)·각루(刻漏) 등의 업무를 두루 맡아보던 관청이었다.

관상감의 우두머리는 영사(領事)이며, 보통 정1품으로 영의정이 겸임하고, 제조(提調) 2인을 두었다.

경복궁 영추문 밖에 있었던 옛 관상감 자리. 조선의 일관들은 이 위에서 밤새 5교대 관측을 행했다.

관상감은 잡과에 합격한 65명으로 구성되어 있다. 이들이 관장하던 업무를 크게 나누면, 측우기와 각루, 천문 관측, 책력 제작 등을 맡은 천문학 파트, 풍수를 다루는 지리학 파트, 운명, 길흉, 화복 따위를 연구하는 명과학 파트가 있었으며, 각 파트는 교수 1명(종6품)과 훈도 2명(정9품)으로 이루어져 있었다. 말하자면 이들이 조선의 자연과학을 이끄는 전문 과학자 집단이었다.

관상감은 또한 각 분야의 인재들을 양성하는 교육기관으로서의 기능도 수행했다. 이들 피교육자를 생도라 했는데, 천문학 20명, 지리학 15명, 명과학 10명의 생도를 각각 두었다. 이들은 거의 양반이 아닌 양가(良家)의 자제나 양반의 서얼들이었다.

천문학의 경우 배우는 교과는 〈칠정산내외편〉을 비롯해 천상열차분야지도, 천문역법, 일식-월식 계산법, 283궁(宮) 1,464개의 별을 수록한 성표(星表) 도록인 '보천가(步天歌)' 암송, 〈천문유초〉, 〈제가역상집〉 같은 천문도서 등이었다.

이 과정을 수료한 생도만이 3년마다 열리는 잡과에 응시할 자격이 주어지며, 시험은 초시와 복시를 다 통과해야 한다. 선발인원은 천문학이 초시 10명, 복시 5명, 지리학·명과학은 초시 각 4명, 복시에서 각 2명을 뽑았다. 1등 합격자는 종8품, 2등은 정9품, 3등은 종9품 품계를 주어 관상감의 권지(權知, 견습)로서 분속시켰다가 자리가 나는 것을 기다려 실직(實職)을 주었다.

이 잡과 시험은 결코 쉽지 않은 과정인데, 우주 덕후는 그때나 지금이나 있게 마련이어서, 이들은 이 치열한 경쟁에서 승리해 비로소 관상감의 관료로 조선의 하늘을 책임지게 되는 것이다.

그런데 조선시대의 우주 덕후들은 우주에 대해 어떻게 생각했을까?

중국 고전 〈회남자(淮南子)〉에는 "예부터 오늘에 이르는 것을 주(宙)라 하고, 사방과 위아래를 우(宇)라 한다"는 말이 있다. 조선 우주 덕후들은 이 〈회남자〉의 말에 따라 우주가 시간과 공간이 얽혀 있는 것으로 파악하고 있었을 것이다.

천문 관료들이 하는 업무는 궁궐과 도성 안의 측우기를 관리하고 강우량을 측정하며, 천문 관측을 행하는 것이었다. 관측은 하루에 15차례 실시되었는데, 3인 1조로 하여 교대로 행했다. 이렇게 밤새 관측을 한 후 하늘의 특이사항을 보고서로 작성한 뒤 아침 궁궐문이 열리면 입시해 보고했다. 특히 혜성 같은 이변이 나타나면 밤중에라도 왕에게 보고되었다고 한다.

이들은 낮에 태양을 관찰하기도 했는데, 오수정을 사용하여 태양의 흑자(黑子, 흑점)를 관측한 기록을 남기기도 했다. 갈릴레오 갈릴레이가 최초로 태양 흑점을 발견했다고 주장하는 1610년보다 최소 수백 년은 빠른 것이었다.

일관(日官)이라고도 불린 이들은 오늘날로 치면 천문학자로서 일식과 월식을 예보하는 일도 맡았는데, 세종 때 구식례를 행할 때 이 예보가 약 15분 어긋나는 바람에 관련 일관이 곤장을 맞았다는 기록이 〈실록〉에 전한다.

조선의 우주 덕후들이 남긴 기록, 유네스코로…

어쨌든 이들 덕분에 조선은 세계 최고의 천체 관측 기록인 〈성변측후단자(星變測候單子)〉를 남겼다. 별의 위치나 빛에 생긴 이변을 성변(星變)이라 하며, 이러한 변화를 관측하여 기록한 것이 〈성변측후단자〉이다. 여기에는 조선시대 천문 관측 체계가 생생하게 담겨 있다. 당시 관상감의 천문학자들은 천문

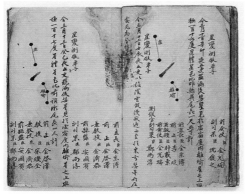
〈성변측후단자〉에 남아 있는 1759년 핼리 혜성 관측 기록
(출처/한국천문연구원)

현상 중 혜성, 초신성, 운석을 기록하도록 했다.

특히 이 〈성변측후단자〉에는 유일하게 맨눈으로 볼 수 있는 혜성인 '핼리 혜성'에 대한 기록도 담겼다. 핼리 혜성의 존재를 처음으로 확인한 영국 천문학자 에드먼드 핼리가 세상을 떠난 뒤 처음으로 남겨진 핼리 혜성 관측 기록이다.

점성학에서 의미 있는 천문현상 가운데 절대 다수는 흉조라는 것이 동아시아의 오랜 전통이다. 성변이 계속될 경우에 임금은 수시로 중신들을 모아 이에 대한 대응책을 논의하는 것이 관례였다. 〈성변측후단자〉에는 1759년 당시 관측된 핼리 혜성의 모습이 매우 상세하게 적혀 있다.

> "3월 11일 신묘 밤 5경 파루 이후에 혜성이 허수(虛宿) 별자리 영역에 보였다. 혜성이 이유(離瑜) 별자리 위에 있었는데, 북극에서의 각거리는 116도였다. 혜성의 형태나 색깔은 어제와 같았다. 꼬리의 길이는 1척 5촌이 넘었다."

〈성변측후단자〉에 실린 3건의 혜성 관측 사료는 국가 공공기록물로서 현장의 기록을 담고 있다. 이 두 가지 조건을 모두 갖춘 사료는 일본과 중국은 물론 서양에서도 발견된 사례가 없는 희귀한 자료로, 한국천문학회 등 관련

기관과 학계에서는 2025년을 목표로 유네스코 세계기록유산 등재를 추진하고 있다.

　조선 천문학자들의 열정이 고스란히 담겨 있는 〈성변측후단자〉에서 보듯 우주 덕후이자 기록 덕후인 선조들 덕분에 당시 조선의 천문학은 세계 최고 수준을 자랑했으며, 결코 서양에 뒤지지 않았다.

성변(星變)·객성(客星) 등록(謄錄)
(1723, 1759, 1760년) (출처/연세
대학교 중앙도서관)

별 하나가 떴다고 왕에게 보고를 올리다니…

믿기지 않는 일이지만, 조선시대에 삼남지방에서 별 하나가 떴다고 왕에게 보고가 올라왔다는 기록이 남아 있다. 〈조선왕조실록〉 태종 편에 보면 이런 장계가 올라왔다고 한다. "전하, 남천의 지평선 위로 카노푸스란 용골자리의 알파별이 떴사온데, 이는 나라에 매우 경사스러운 징조로 아옵나이다." 물론 꼭 이런 표현은 아니었겠지만, 내용은 별 차이가 없다.

남반구의 별자리인 용골자리의 알파별 카노푸스(Canopus)는 예로부터 동양권에서는 노인성(老人星)으로 불렀으며, 인간의 수명을 관장하는 별이라 하여 수성(壽星)이라 하기도 했다.

장계를 받고 조정에서 내린 조치는 다음과 같이 전한다.

> "노인성은 수명을 관장하기에 '추분에 노인성이 나타나면 길하다'고 여겨 국가의 평안과 백성의 안녕을 비는 제사를 올리도록 예조에 명하여 옛 제도를 따라 제단을 쌓고 희생을 사용하게 하였다."

밤하늘에 두 번째로 밝은 별

카노푸스는 겉보기 등급 -0.7로 남반구에서는 가장 밝은 별이고, 전천에서는 -1.47등인 시리우스 다음으로 밝은 별이다. 거리는 310광년, 표면 온

경북 상주에서 찍은 카노푸스. 산 능선 바로 위에 밝게 빛나는 별이다. (사진/임종원)

도는 약 7천 도, 지름은 태양의 71배, 질량은 태양의 8배, 밝기는 13,600배다. 이 엄청난 밝기로 인해 우주선이 우주공간에서 항로를 잡을 때 기준으로 이용하는 이정표 별이 되기도 한다.

그런데 카노푸스는 북반구에서 보기엔 고도가 아주 낮아 쉽게 볼 수 있는 별이 아니다. 아마 이런 연유로 오래 산 노인들만 보았다는 뜻에서 노인성이란 이름을 얻었을 것으로 보인다.

별의 고도는 별의 적위에 의해 결정된다. 적위란 천구상의 한 점의 위치를 나타내기 위해 사용하는 두 개의 좌표 중 하나이다. 그 다른 좌표는 적경이다. 천구 북극의 적위는 +90°, 천구 적도의 적위는 0°, 천구 남극의 적위는 -90°이다.

국제우주정거장에서 찍은 카노푸스 (출처/NASA)

카노푸스의 적위는 -52° 42′이기 때문에 이 별을 관측하기 위해서는 위도가 북위 37° 18′(=90°-52° 42′) 이하여야 한다. 서울은 북위 37° 30′에 위치하므로 1년 내내 카노푸스를 관측할 수 없는데, 이 같은 별을 전몰성이라 한다.

북극성을 중심으로 일주운동을 하는 북반구의 별들 중 지평선 아래로 지지 않는 별을 주극성이라 하고, 지평선 위·아래로 뜨고 지는 별을 출몰성이라 한다. 물론 이들은 관측자의 위도에 따라 달라지는데, 우리나라 위도는 약 36도로 중위도 지역이다. 카노푸스의 경우 수원, 이천, 여주 및 그 이남의 도시에서 관측이 가능하다.

관측자의 위도가 35도라 할 때, 지평선 위에 항상 떠 있으려면 적위 +90~+55도가 돼야 하며, 대표적으로 작은곰자리가 있다. +55~-35도는 지평선 위·아래로 뜨고 지며, 대표적으로 오리온자리가 있다. 남반구의 -35~-90도는 지평선 위로 뜨지 않아 볼 수 없으며, 대표적으로 남십자자리

카노푸스가 있는 용골자리. 아르고자리로부터 나뉜 4개의 별자리(나머지는 고물자리, 나침반자리, 돛자리) 중 하나이다. (사진/임종원)

가 있다.

카노푸스는 남부 지역에서는 남쪽의 수평선 근처에서 매우 드물게 볼 수 있다. 원래는 흰색 별이지만, 지평선 방향의 두꺼운 대기층에 의해 푸른빛이 흡수되어 붉게 보인다. 이 별은 지구의 세차운동으로 인해 약 1만 2천 년 뒤에는 남극성이 될 것이다.

카노푸스가 가장 잘 보이는 명당

제주도에서 카노푸스를 볼 수 있는 명당은 서귀포 지역의 남사면 산중턱이다. 제주의 빼어난 경관 목록인 영주(瀛洲, 제주 별칭) 12경 중 서진노성(西鎭老星)이란 게 있는데, 새벽에 서귀진성 위에 올라 불로장수를 상징하는 노인성 경관을 보는 것을 으뜸으로 쳤다.

물론 언제든 볼 수 있는 별이 아니라, 시간이 정해져 있다. 서귀포 지역은 북위 33도로 국내 최남단에 위치하고 있어 노인성의 관측이 가능하며, '노인성'은 수평선 가까이 떠서 지는 시간은 4시간 정도이므로 관측 시간이 짧다.

관측 시간은 9월에서 12월까지는 새벽 5시경, 1월에서 3월까지는 오후 7~10시께 뚜렷이 관측할 수 있다. 관측하기 가장 좋은 곳은 서귀포 삼매봉 남성대로, 노인성을 관측하는 방법 안내판이 있으며, 팔각정 누각에는 추사 김정희, 청음 김상헌 등 조선시대 유명한 시인들의 노인성 시(詩)를 감상할 수 있는 보너스까지 준비되어 있다.

서귀포 옆 대정에 유배된 추사 김정희는 자신의 적거지를 '수성초당(壽星草堂)'이라 부르며 노인성에 대한 시를 남길 만큼 깊은 관심을 보였고, 〈토정비결〉을 쓴 토정 이지함은 노인성을 보기 위해 세 번씩이나 한라산을 올랐다고 한다.

일생에 세 번만 노인성을 보면 무병장수한다는 전설이 있으니, 좋은 때에 서귀포를 찾아 노인성을 보고 평안과 무병장수의 축복을 누리는 계기가 되길 희망해본다. 혹 모를 일 아닌가, 우주의 에너지가 노인성을 경유해 나에게 전해질지도.

제주 서귀포의 중산간에 위치한 서귀포 천문과학문화관에서는 해마다 2~3월에 카노푸스 관측회를 열고 있으니, 이를 이용하는 것도 좋은 방법이 될 것이다. 호주나 뉴질랜드 같은 남반구로 여행한다면 꼭 이 별을 놓치지 말고 보기 바란다. 휴대폰에 별자리 앱을 깔면 별 찾기는 간단하다.

일식 예보 틀려 곤장 맞은 조선 천문학자

조선시대에 일식 예보를 잘못해 곤장을 맞은 천문학자가 있었다. 곤장을 때린 사람은 세종이었고, 맞은 사람은 천문과 역수(曆數), 각루(刻漏) 담당 부서인 서운관의 천문학자 이천봉(李天奉)이었다. 대체 어떤 사연이었는지, 〈조선왕조실록〉이라는 타임머신을 타고 당시로 날아가보자.

일식 때 '반성'하는 임금

세종 4년(1422) 1월 1일 원단을 맞는데, 마침 일식이 시작되고 있었다. 임금이 소복을 입고 인정전의 월대(月臺) 위로 나아가 일식을 구했다. 백관들도 소복을 입고 조방(朝房, 신하들이 조회를 기다리는 대기 장소)에 도열해 일식을 구하니 얼마 후 해가 다시 빛났다. 세종이 섬돌로 내려와 해를 향해 네 번 절했다. 이 같은 의식을 '구식(救蝕)'이라 하는데, 일식과 월식으로 인해 훼손된 일월(日月)을 구하는 재변 의례를 가리킨다.

고래로부터 관상수시(觀象授時)란 것이 있었는데, 상(象)은 천상의 뜻이고, 관상이란 일월성신의 출현 상태를 보는 일이며, 시(時)는 사시(四時)를 의미하고, 수시란 관상에 의해서 농경생활에 필요한 절기를 올바로 알린다는 뜻이다. 이는 농경사회 지배자가 해야 할 중요한 일이었다. 농업생산이 경제의 축이었던 옛날엔 천체의 규칙적인 운행주기와 질서를 측정, 계산하여 책력을 만드는 역법 연구는 국가 권력의 핵심적인 요소였다. 이처럼 왕조국가 시대의 역법은 또한 왕조와 국가의 안위를 내다보기 위한 점성적 성격을 지닌 것으로도 매우 중시되었다.

전통 사회에서는 하늘에서 일어나는 일과 인간사회에서 일어나는 일 사이에 일종의 상응 관계, 즉 천인상응(天人相應) 관계가 있다고 보았기 때문에 천문은 곧 인문(人文)이기도 했다. 여기서 천문(天文)의 의미는 하늘에 나타난 별들의 운행을 무늬(文)로 표상한다는 뜻으로, 〈주역〉의 다음 구절에서 유래한다.

"우러러 하늘의 무늬를 보고, 굽혀서 땅의 결을 살핀다."

(仰以觀於天文, 府以察於地理)

옛날에는 일식과 월식이 천체의 중심인 해와 달이 잠식되는 불길한 재변으로, 하늘이 왕의 잘못을 직접 꾸짖고 근신케 하는 징표라고 여겼다. 따라서 일식(또는 월식)이 예보되면 시일에 맞추어 각 관청은 어명을 받들어 당상관과 낭관 각 1명이 제사 때 입는 엷은 옥색 옷인 천담복(淺淡服)을 입고 하늘에 기원했다.

왕은 소복으로 갈아입고 하루 종일 일식을 기다렸다가 인정전의 월대 위에 나아가 신하들과 함께 석고대죄하듯 하늘에 용서를 비는 구식례를 행했다. 이렇게 하면 그 정성에 하늘이 감복하여 일식·월식을 곧바로 원상대로 회복시켜준다고 생각했던 것이다. 그리고 구식례가 끝나야 소복을 벗었다. 월식 때는 음기를 돋운다 하여 금으로 된 종을 쳐서 구식례를 행했다.

영화 '천문'의 한 장면. 장영실이 물시계를 시전하고 있다. (출처/google)

　일식과 월식을 구한다는 구식 의례는 조선조 내내 매우 빈번하게 행해졌다. 이 구식례는 매우 번거롭지만 일식·월식이 지상의 왕에게 내리는 하늘의 경고라고 여겼으므로 소홀히 할 수 없는 노릇이었다.

　그런데 세종 4년의 구식례 때 세 달 전, 서운관이 예보한 일식 시간이 되었는데도 정작 일식은 일어나지 않았다. 왕과 대소 신료들은 하릴없이 일식이 일어나기만을 기다렸는데, 예보 시간보다 15분이 지나서야 일식이 일어나기 시작했다. 참고로, 조선시대에는 15분을 1각(一刻)이라 하여 시간의 가장 작은 단위로 삼았다. 고로 '일각이 여삼추'라는 말은 15분이 3년처럼 길게 느껴진다는 듯이다.

　구식례가 끝난 후, 일식의 분도(分度)를 정확히 추보(推步, 예천체의 운행을 관측하는 것)하지 못해 예보를 15분 앞당겨 했다는 죄목으로 세종은 서운관 술자(術者) 이천봉에게 곤장을 치게 했다. 그래도 이 정도는 약과였다. 심하면

투옥되는 경우도 있었다. 하지만 우리는 여기서 조선의 일식 예보 단위가 상당히 정밀한 수준임을 알 수 있다.

왜 일식 예보가 틀렸을까?

어떤 군주와 국가가 하늘의 질서를 잘 살피고 이해한다는 것은 그 군주가 권력과 정치적 정당성을 보다 튼튼하게 확보한다는 뜻으로, 농업생산 증대, 왕조와 국가의 길흉 예측, 정치적 정당성 강화에도 직결되는 문제였다. 세종 대왕이 기울인 천문기상학 발전에 대한 노력도 이러한 맥락에서 이해할 수 있을 것이다.

그러나 중국에 대해 사대주의 외교를 했던 조선은 독자적인 역법이 없이 중국의 역법을 받아 썼다. 이는 사대외교의 제1조건이기도 했다. 〈조선왕조실록〉을 보면 세종 3년(1421) "정조사(正朝使) 조비형·조치 등이 명나라에서 돌아왔는데, 황제가 〈대통력(大統曆)〉 1백 권을 하사하였다"는 기록에서도 알 수 있다.

세종은 대단히 현실적인 안목을 가진 임금으로, 일식의 잘못된 예보에 대해 정치적인 해석을 떠나 과학적인 오류라고 판단하여 재위 12년(1430) 8월 3일 이런 지시를 내렸다.

"천문 계산은 전심전력해야만 그 묘리를 구할 수 있다. 일식·월식과 성신의 변, 그 운행도수는 원래 약간의 착오가 있었는데, 전에는 명에서 전해진 선명 력법(당나라 목종 2년인 821년 서양이 만든 태음력의 하나)만 썼기 때문에 오차가 꽤 컸다. 그런데 정초가 수시력법(授時曆法, 중국 원나라 천문학자 곽수경과 왕순

등이 만든 역법)을 연구해 밝혀낸 뒤로는 책력 만드는 법이 바로잡혔다. 그러나 이번 일식의 시간이 모두 차이가 있으니, 이는 정밀하게 살피지 못한 까닭이다. 옛날에는 책력을 만들 때 오차가 있으면 반드시 용서하지 않고 죽이는 법이 있었다. 내가 일식·월식 때마다 그 시각과 가리고 걷히는 시간을 기록하지 않아 뒤에 계산해볼 길이 없으니, 이제부터 예보한 숫자와 맞지 않더라도 모두 기록하여 뒷날 고찰에 대비토록 하라.”

그러나 이후로도 일식 오보는 고쳐지지 않았다. 세종 14년(1432) 1월 4일엔 서운관에서 일식을 예보했으나 일식 현상이 없자 사헌부에서 서운관 담당 관리를 처벌해야 한다는 건의를 올렸다.

이에 대해 세종은 어떻게 처리했을까?

“분수가 매우 적어서 짙은 구름으로 못 보았을지도 모른다. 각도에 공문을 보내 물어보게 하라. 또 중국에서도 오늘 일식이 있을 것이라고 말했다고 하니 이것은 관측을 잘못한 죄는 아니다. 각 도의 보고와 중국 조정에 들어간 사신이 돌아오기를 기다려 다시 의논하라.”

‘나랏 시간이 중국과 달라…’ 〈칠정산외편〉 완성

“하늘이 다르고 땅이 다르듯 만물이 다르게 마련이니, 우리 하늘을 올바로 보기 위해 우리만의 시간을 가져야 한다”고 선언한 세종은 1432년 명과의 외교적 마찰을 무릅쓰고 야심적인 ‘조선 역법 프로젝트’를 가동시켰다. 이 프로젝트의 이론 담당은 정초·이순지·정인지였으며, 설계-제작 담당은 이천·

영화 '천문'에서 천문기기를 제작하는 장영실. 세종시대 천문학의 이론 담당이 이순지라면, 제작 담당은 장영실이었다. (출처/google)

김담·장영실이었다.

　어쨌든 오랜 논의와 연구 끝에 조선의 일식-월식 예보가 오차를 보이는 것은 조선의 시간이 아니라, 한양보다 위도가 6도나 낮은 남경(북위 32도) 기준의 중국 시간을 사용하기 때문이라는 결론에 도달했으며, 조선 고유의 시간을 확립하는 것이 무엇보다 선결 문제임을 깨닫게 되었다. 이는 세종이 일찍이 왕자 시절부터 천문에 대해 깊이 공부해 얻은 내공 덕분임은 말할 것도 없다.

　게다가 세종조에는 과학과 천문에 밝은 인재들이 많았다. 흔히 세종시대의 과학기술이라고 하면 이천과 장영실을 떠올리지만, 천문역법 분야에서 이순지(李純之, 1406~1465)의 역할은 독보적이었다. 이순지는 우리나라의 '과학기술인 명예의 전당'에 "조선 초 자주적 역법을 이룩하면서 우리 천문학을 세계 수준으로 올려놓은 천문학자"라는 평가와 함께, '명예로운 과학기술인'

가운데 한 사람으로 선정된 바 있다.

이순지는 21살인 1427년 문과에 급제하여 승문원에서 외교문서 관련 업무를 맡았다. 당시 세종은 역법이 정밀하지 못한 것을 안타깝게 여겨 문신들 가운데 재능 있는 사람들을 선발하여 역법에 필요한 산법(算法)을 익히게 했는데, 이순지가 가장 두각을 나타냈다. 그는 문신이었지만 이과형 천재였다.

이순지가 세종대왕의 눈에 들게 된 계기는 '본국(本國)은 북극(北極)에 나온 땅이 38도(度) 강(强)'이라는 계산 결과를 보고한 일이었다. 한반도의 가운데가 북위 38도라는 것을 계산한 것이다. 보고를 받은 세종은 처음에는 긴가민가했다. 그러나 중국에서 들여온 역서(曆書)를 통해 이순지가 계산한 결과가 정확하다는 것을 알고는 크게 기뻐하며 1431년부터 이순지에게 조선의 천문역법을 정비하는 일을 맡겼다.

1433년부터 본격적으로 가동된 조선 역법 프로젝트는 그로부터 9년 뒤인 1442년에 이르러 마침내 조선 독자의 역법인 〈칠정산내편(七政算內編)〉과 1444년 〈칠정산외편〉의 편찬이 완성되었다. 이로써 그간 중국의 역법에 전적으로 의존하던 것에서 벗어나 비로소 독자적으로 천체 운행을 계산할 수 있게 되었다.

말하자면 "나랏시간이 중국과 달라 천문현상과 서로 사맛디 아니할새"라면서 조선 시간의 독립을 선언한 셈이었다. 또 그로부터 4년 후에는 나랏글 〈훈민정음〉까지 반포함으로써 조선은 중국으로부터 완전한 문화 독립을 이루고 우리 민족의 정체성을 확립했다. 단군 이래 어느 군주가 이보다 더 위대한 업적을 세웠던가.

세계에서 세 번째로 일식-월식 예보

이순지의 천문역법 연구가 특히 크게 빛을 발한 성과는 '한문으로 펴낸 이슬람 천문역법서 가운데 가장 훌륭한 책'으로 평가받는 〈칠정산외편〉이다. 칠정은 해와 달, 수성, 화성, 목성, 금성, 토성을 뜻한다. 1442년에 정인지, 정흠지, 정초 등이 편찬한 〈칠정산내편〉은 1281년 원나라에서 만든 수시력을 한양의 위치에 맞게 수정, 보완한 것이다. 이에 비해 1444년 이순지와 김담이 편찬한 〈칠정산외편〉은 아랍 천문학의 성과를 바탕으로 한 것이다.

'내편'은 중국 천문역법과 산학 전통을 따르기 때문에 원주를 365.2575도, 1도를 100분, 1분을 100초로 하고 있는 데 비해 '외편'은 그리스-아랍 천문학 전통에 따라 각각 360도, 60분, 60초로 바꾸어 계산했다. 또한 평년의 한 해를 365일로 하고 128년에 31일의 윤일을 두었는데, 1태양년이 365일 5시간 48분 45초로, 수시력보다 더 정확할 뿐 아니라, 오늘날의 수치와 비교했을 때 1초 짧을 정도로 정확하다. 1년의 기점을 중국이 동지에 둔 것과 달리 춘분에 두었으며, 일식과 월식 계산에서도 '외편'이 '내편'보다 정확하다.

'내편'을 통해 한양의 위도-경도를 기준으로 한 정확한 천문 계산이 가능해졌으며, '외편'을 통해 발달된 아랍 천문학의 성과를 우리 실정에 맞게 변용함으로써 조선의 천문학은 아랍, 중국과 함께 당시 세계에서 가장 발달된 수준에 도달했다. 이리하여 〈칠정산외편〉 이후 일식-월식 예보는 100% 정확해졌으며, 이로써 조선은 아랍과 중국에 이어 세 번째로 일식-월식을 정확히 예보할 수 있는 천문 강국으로 발돋움했다.

이순지는 이외에도 많은 천문역법서를 저술, 편찬했다. 그 가운데 1445년에 펴낸 〈제가역상집(諸家曆象集)〉은 다양한 서적에 흩어져 있는 천문에 관한 여러 가지 설을 모아 정리한 책이다. 단순히 모아놓은 것이 아니라 중복되는 것을 삭제하고 핵심을 취해 주제별로 분류하여 참고 자료로서 가치가 높은 역작이다.

1459년에는 일식-월식 계산법을 알기 쉽게 해설한 〈교식추보법(交食推步法)〉을 김석제와 함께 편찬했다. 계산 공식과

종로 계동 현대사옥 앞의 관측대. 간의대라고도 한다. 1432년(세종 14)에서 1434년 사이에 간의 등 천문기구를 만들었는데, 매일 밤마다 서운관원 5인이 입직하여 천문 관측에 종사했다.

함께 실제 계산 사례가 실려 있으며, 계산법을 쉽게 외우는 데 도움이 되는 노랫말 형식의 설명도 실려 있어, 나중에 음양과(조선시대 관상감의 천문·지리 등을 맡는 기술직을 뽑던 잡과 시험)의 시험 교재로도 널리 쓰였다.

이처럼 이순지는 당대 세계 최정상급의 천문학자로서, 조선 천문학을 세계 최고의 수준으로 올려놓았다. 이러한 업적으로 이순지는 승지, 중추원부사, 개성부 유수, 판중추원사(종2품)에 이르렀다. 1465년(세조 11년) 이순지가 세상을 떠난 뒤 실록에는 "지금의 간의(簡儀), 규표(圭表), 태평(太平), 현주(懸珠), 앙부일구와 보루각, 흠경각은 모두 이순지가 세종의 명을 받아 이룬 것"이라고 기록되었다.

〈세조실록〉은 이순지를 이렇게 평한다.

"이순지의 성품은 정교하며 산학, 천문, 음양, 풍수에 매우 밝았다. 그러나 크게 건명(建明)한 것은 없었다. 정평(靖平)이라 시호(諡號)하니, 몸을 공손히 하고 말이 드문 것을 정(靖)이라 하고, 모든 일에 임할 때 절제가 있는 것을 평(平)이라 한다."

케플러보다 빨랐던 조선의 케플러 초신성 관측

〈조선왕조실록〉 통해 검색해본 결과, 조선시대에 일식이 265건, 월식이 344건 발생했다. 이는 조선의 천문기상 관측 수준이 세계 어느 나라에도 뒤지지 않았음을 단적으로 보여주는 사례다. 또한 조선 천문학과 표준시를 담당했던 관상감에서 1818년 편찬한 〈서운관지〉는 관상감의 조직과 운영, 천문 관측과 기기, 천문서적 등을 총망라한 천문학 백과로 세계에서도 유례를 찾아볼 수 없는 천문 기록이다.

이처럼 세종시대는 세계 최고 수준의 관측기기 개발과 천문 관측을 통해 천문학을 발전시킨 결과 세계 최고 수준의 천문학으로 성장했으며, 조선 후기 〈서운관지〉에 기술된 것처럼 천문학이 국가의 제도를 튼튼히 하는 기둥이 되었음을 알 수 있다.

조선만의 시간 체계를 확립한 후부터 절기와 천재이변이 정확히 예측되었으며, 세종조의 농지 확대와 농업생산력 증대와 맞물려 조선에 굶주림이 없어지게 되었다. 이 모든 것은 세종대왕의 민본-애민정신에서 비롯된 것임은 더 말할 필요도 없을 것이다.

우리나라 천문기록은 신라시대 첨성대를 시작으로 고려시대 서운관, 조선시대 관상감으로 이어졌다. 이 기관들이 기록한 천문기록은 적어도 1만 4천건 이상이며, 아직도 해석과 발굴이 진행 중이다.

좋은 일례로, 요하네스 케플러가 1604년 10월 17일부터 프라하에서 관측에 착수했던 케플러 초신성은, 〈조선왕조실로〉에 따르면 그보다 4일 앞선 1604년(선조 37) 10월 13일(양력)부터 시작하여 7개월에 걸쳐 약 130회 위치와 밝기를 관측한 결과가 쓰여 있다.

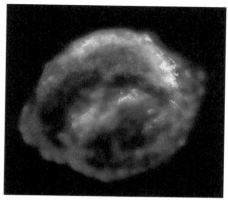

케플러 초신성. 케플러의 관측보다 4일 앞서 조선의 관상감 천문학자들이 관측한 이 초신성은 그 자세한 관측 결과가 130회나 〈조선왕조실록〉에 기록되었다. (출처/NASA)

"밤 1경에 객성이 미수 10도에 있어, (북)극과는 110도 떨어져 있었으니, 형체는 세성(목성)보다 작고 색은 누르고 붉으며 동요하였다."

케플러의 관측기록으로만 보아 유형 2로 추정되던 이 초신성은 '실록'의 자세한 관측 결과에 의해 유형 1 초신성으로 밝혀졌다. 조선 천문학의 개가였다.

부처님이 보고 도를 깨쳤다는 '그 별' 아시나요?

새벽 하늘에 뜬 '명성(明星)'

요즘은 부처님이 태어나신 날을 초파일이라 하지 않고 '부처님 오신 날'이라고 한다. 고타마 싯다르타는 본격적으로 구도에 오르기 위해 29살에 출가했다. 그후 6년간 고행한 싯다르타는 부다가야의 큰 보리수 아래 좌정한 채 깊은 명상에 들었다가 이윽고 새벽녘에 고개를 들어 하늘을 보았다. '밝은 별(明星)' 하나가 미명의 동녘 하늘에 반짝이고 있었다.

그 순간 싯다르타는 크게 깨치고 정각(正覺)에 이르러 붓다(깨달은 자)가 되었다. 부처님이 중생을 위해 진리를 설한 것은 바로 이 성도(成道)에서 비롯됐다고 한다.

새벽별을 보고 큰 깨달음을 얻은 싯다르타는 다음과 같은 게송을 남겼다. 게송이란 수행을 하다가 깨달음을 얻었을 때나, 법문을 설할 때 일어난 감흥을 한시 형태로 읊은 것이다.

> 별을 보고 깨달음을 얻었으나
> 깨닫고 난 뒤에는 별이 아니다
> 사물을 좇아가지는 않지만
> 그렇다고 무정물도 아니다.

강화도 저녁하늘의 개밥바라기(금성)와 초승달 (사진/이광식)

(因星見悟 悟罷非星 不逐於物 不是無情)

이 게송을 두고 예로부터 수많은 사람들이 저마다의 해석들을 내놓았다. 대체적인 풀이는 "새벽의 별을 본 것이 깨달음의 계기가 되었다. 깨달은 후 보니 그 별은 이미 별이 아니다. 그것은 사물이 아니라 유정물이요, 자신이요, 우주다"란 것이다.

어쩌면 이런 사색 끝에 색즉시공(色卽是空) 공즉시색(空卽是色)의 사상이 나왔는지도 모른다. 이때 색은 물질적 존재를 말하며, 공은 실체가 없다는 연기(緣起)의 이치를 말한다. 곧, 물질적 존재인 색은 만물이 무수한 원인들로 엮

여진 결과물이라는 연기에 의해 형성된 것이므로 실체가 없는 것(空)과 같다는 의미다. 이와 비슷한 맥락으로 〈보이는 세상은 실재가 아니다〉, 〈시간은 흐르지 않는다〉 등 여러 권의 베스트셀러를 낸 이탈리아의 이론물리학자 카를로 로벨리는 "우주는 실재가 아니라 사건의 관계"일 뿐이라고 주장한다.

중국 오대(五代) 때의 큰스님 취암(翠巖)이 붓다의 새벽별 게송을 해석한 또 다른 게송을 내놓았다.

한 번 밝은 별을 보고 꿈에서 깨어났네
천 년 묵은 복숭아씨에서 푸른 매실이 열렸도다
비록 국에 넣어 맛을 내진 못하지만
일찍이 목마른 장병들의 갈증은 덜어줬네.

(一見明星夢便廻 千年桃核長靑梅 雖然不是調羹味 曾與將軍止渴來)

또 다른 해석은 싯다르타가 보리수 아래에서 명상 끝에 새벽하늘의 명성을 보고 자신이 지구라는 땅덩어리에 올라타고 태양을 빙빙 돈다는 사실을 깨달았다고 풀이한다.

〈화엄경〉에는 이와 관련하여 '기세간(器世間)'이라는 단어를 기록하고 있다. 기세간이란 사람이 사는 '그릇(器)'이라는 뜻으로, 곧 지구를 가리킨다. 석가는 새벽별을 보고는 문득 자신이 살고 있는 그릇이 허공에 둥둥 떠서 굴러가는 그릇과 같다는 사실을 깨달았다는 것이다. 붓다의 지동설 우주관이라 할 수 있다.

서양의 아리스타르코스(BC 310~230)가 최초로 지동설을 내놓은 것이 기원전 3세기다. 그렇다면 붓다는 그보다 300년이나 앞서 지동설을 깨쳤다는 건데, 선뜻 납득하기는 어렵다.

샛별이냐, 시리우스냐?

어쨌든 부처님이 새벽에 별을 보고 깨달음을 얻었다는 것은 기록에 나타나 있는 사실인데, 현대 천문학에서 볼 때 과연 그 별이 무슨 별이었을까?

일단 금성이 용의선상에 떠오른다. 기원전 5~6세기인 그 시절에 행성과 항성(별)의 구분이 딱히 있었을 것 같지 않고, 또 싯다르타가 동쪽 하늘에서 보았다는 밝은 별로는 금성 외에는 찾기가 어렵다.

금성은 우리나라에서 예부터 아침에 뜰 때는 샛별 또는 명성(明星), 계명성(啓明星)이라 하고, 저녁에 서쪽 하늘에 뜰 때는 개밥바라기라 했다. 그래서 고대인들은 아침과 저녁에 나타나는 금성을 서로 다른 두 개의 천체라고 생각했다.

붓다의 정확한 생몰 연도와 날짜는 모른다. 주류 역사가들은 대체로 기원전 563년 무렵에 태어나 기원전 483년 무렵에 사망한 것으로 추정하고 있다. 불교에서는 부처의 탄생과 열반을 기원전 624년, 544년으로 보고 있다.

그래서 한 별지기는 대략적인 성도일(成道日)을 추산하여 35세 되는 해인 기원전 589년 12월 8일(음력) 이른 새벽, 위치를 부다가야 근처 가야시로 설정하고, 해당 날짜로 스카이사파리 앱을 돌려 검토해본 결과 그날은 달이 없는 날이고, 새벽녘에 가장 밝은 별은 시리우스로 나왔다. 전천에서 가장 밝은 별로, 동양에서는 천랑성(天狼星) 또는 늑대별, 서양에서는 개별(dog star)이라고 불렸다. 고대 이집트에서 이 별이 동쪽 지평선 위로 나타나면 나일강의

밤하늘에서 가장 밝은 별 시리우스 A(왼쪽)와 1862년에 발견된 짝별 백색왜성인 시리우스 B. 부처님도 당시에는 이 별이 쌍성인 줄은 몰랐을 것이다. (출처/wiki)

범람이 시작되었다. 그래서 이집트 태양력은 이날을 1월 1일로 삼았다.

　이상에서 살펴보았듯이 부처님이 보고 깨달음을 얻었다는 '그 별'은 행성인 금성이거나 정말 별인 시리우스 중 하나일 것이 거의 분명하다.
　어쨌든 새벽 하늘에서 눈부시게 빛나는 '명성'을 본 그 순간, 부처님은 이 광대무변한 우주를 문득 체득하고 무시무종(無始無終)의 영겁을 깊이 체감하고는 별과 나, 세계와 나는 하나이며, 그렇다면 이 연기의 세계 속에서 인간은 어떻게 살아야 하는가 하는 깨달음에 이른 것으로 추측된다. 이는 현대 천문학 이론에도 합이 맞는 사상이다.

여기서 부처님의 큰 가르침 '살아 있는 모든 중생을 사랑하라'는 대자대비 (大慈大悲)가 나오지 않았을까? 불교에서 말하는 자비, 이것은 바로 사랑이 시작되는 지점이다. 감히 인류를 사랑한다고 말할 배짱은 없을지라도, 바로 당신 옆의 사람들을 따뜻하게 아끼고 사랑하며 살아가라는 게 우주가 우리에게 주는 가르침이라고 생각한다.

이 어마무시하게 광막한 우주에 한낱 별먼지로 이루어진 인간이 맞설 수 있는 단 하나의 무기가 있다고 한다면, 그것은 '사랑'이 아닐까. 사랑만이 생과 사, 시공을 초월하는 유일한 거니까.

몇 해 전 우주로 떠난 휠체어의 물리학자 스티븐 호킹은 다음과 같이 말했다.

"당신이 사랑하는 사람들이 살고 있는 곳이 아니라면
우주도 별 의미가 없을 것이다."

(It would not be much of a universe if it wasn't home to the people you love.)

한 천문학자의 인생 프로젝트 '뉴호라이즌스'

태양계의 마지막 행성을 향하여

〈뉴호라이즌스, 새로운 지평을 향한 여정〉은 2006년 1월 미국 플로리다 주의 케이프 커내버럴에서 발사되어 9년 반을 날아간 끝에 2015년 7월 명왕성 근접 통과를 성공한 뉴호라이즌스 탐사선에 관한 이야기다. 프로젝트의 수석연구원인 앨런 스턴과 과학 커뮤니케이터 데이비드 그린스푼이 같이 쓴 책이다.

최초의 발안에서 미션 성공까지 무려 26년에 걸친 뉴호라이즌스의 여정은 한 과학자의 일생을 건 도전 끝에 성공을 거둔 그야말로 '인생 프로젝트'였다. 우리가 그 동안 숱하게 보아온 우주탐사 미션은 사실 그 하나하나가 수십 대 일의 치열한 경쟁을 뚫고 이루어진 결과라는 것을 이 책은 잘 보여주고 있다.

프로젝트의 채택 여부를 두고 위원회에서 치열한 논쟁이 벌어졌을 때, 한 노과학자의 발언이 패색이 짙던 논의의 흐름을 바꾸는 데 결정적인 역할을 해주었다. 88세의 대기 물리학자 도널드 헌텐이었다.

"젠장! 탐사선이 명왕성에 도착할 때쯤 나는 세상에 없을 겁니다. 설사 살아 있다고 해도 그런 상황을 의식할 수 있는 상태가 아닐 거요. 그래도 이건 우리가 해야 하는 일이 맞습니다. 과학이 중요해요. 그러니 그냥 합시다."

명왕성–카론 시스템을 관측하는 나사의 뉴호라이즌스 호 상상도. 2015년 역사적인 명왕성 근접비행에 성공했다. (출처/NASA)

또 하나 인상 깊은 부분은 드디어 탐사선의 발사를 앞두고 카운트다운이 시작되었을 때, 수십 명의 관련자들이 호명에 따라 차례대로 발사 찬성–반대를 표명하는 장면이었다. 관련자 중 한 사람이라도 반대하면 발사는 중단된다.

이미 한 차례 발사 연기를 겪었고, 수천 명의 요인과 관중들이 지켜보는 가운데 다시 그 어려운 과정이 시작되어 수십 명이 발사 찬성을 외칠 때, 오로지 수석연구원 앨런 스턴은 혼자 발사 반대를 선언한다. 전기 계통의 문제가 있지만 발사에는 지장 없다는 판정이 내려졌음에도, 만에 하나 그것으로 인해 발사 실패를 불러온다면 평생을 후회하며 살 것 같다는 생각에 도저히 발사를 찬성할 수 없었다는 것이다.

뉴호라이즌스가 2015년 7월 전송한 명왕성의 하트 지역. '톰보 지역'으로 명명되었다.

고졸 출신 별지기로 명왕성을 발견해 천문학사에 불멸의 이름을 올린 클라이드 톰보

그리하여 세 번째 호명을 거친 후에야 뉴호라이즌스는 성공적으로 발사대를 떠나 명왕성을 향해 날아올랐다. 발사 당시의 탈출 속도는 초속 16.26km로, 뉴호라이즌스는 지금까지 인간이 만들어낸 물체 중 가장 빠르게 지구를 탈출했다.

그리고 마침내 2015년 7월 14일 명왕성을 근접 통과하면서 그 세계의 놀라운 풍경을 인류 앞에 펼쳐 보여주었으며, 그로부터 4년 뒤인 2019년 1월 1일, 두 번째 목표인 카이퍼 띠 천체 486958 아로코트를 성공적으로 근접 통과했다.

뉴호라이즌스 미션이 성공적으로 마무리되었을 때 프로젝트를 주도했던 수석연구원 앨런 스턴은 팀원들에게 다음과 같은 말로 벅찬 감회를 토로했다. "당신들과 함께 태양계를 날아가 명왕성을 탐사한 건 제 일생의 영광이었습니다."

2021년 4월 15일에는 태양에서 50AU에 있는 다섯 번째 우주선이 됨과 동시에 이 거리에서 보이저 1호를 촬영했으며, 2029년에는 태양계를 벗어나 성간 공간으로 진출할 예정이다. 이때까지도 기기가 정상 작동한다면 미션은 확장되어 태양권 바깥을 탐사할 예정이다.

탐사선에 실린 발견자 톰보의 뼛가루

그런데 뉴호라이즌스가 야심차게 태양계 마지막 행성인 명왕성을 향해 날아가는 도중에 지구에서는 국제천문연맹(IAU)이 새 행성 기준에 맞지 않는 명왕성을 왜소행성으로 강등시키는 사태가 벌어졌다.

명왕성은 1930년 고졸 출신으로 로웰 천문대의 비정규 직원이었던 23살의 클라이드 톰보에 의해 발견되었다. 그런 연유로 뉴호라이즌스

톰보의 뼛가루가 담긴 캡슐이 탐사선 데크 아래 붙어 있다.

에는 이색적인 화물 하나가 실렸다. 바로 명왕성 발견자 클라이드 톰보의 뼛가루가 캡슐에 담긴 채 선체 데크 밑에 부착되었던 것이다.

의리 깊은 후배 나사 과학자들의 배려로, 톰보는 비록 살아서는 가지 못했지만 자신의 뼛가루는 명왕성 옆을 스쳐지나면서 자신의 꿈을 이루어주었던 명왕성의 모습을 볼 수 있었던 것이다. 톰보의 뼛가루를 담은 캡슐에는 그의 묘석에 새겨진 다음과 같은 글귀가 적혀 있다.

"미국인 클라이드 톰보 여기에 눕다. 그는 명왕성과 태양계의 세 번째 영역을

발견했다. 아델라와 무론의 자식이며, 패트리셔의 남편이었고, 안네트와 앨든의 아버지였다. 천문학자이자 선생님이자 익살꾼이자 우리의 친구 클라이드 W. 톰보(1906~1997)."

또한 후배 과학자들은 명왕성에서 발견된 하트 모양의 지역 이름을 '톰보 지역'이라고 명명해주었다.

여담이지만, 톰보는 류현진이 뛰고 있는 MBL 다저스 팀의 에이스 투수 클레이턴 커쇼의 큰외할아버지다. 그래서 커쇼는 '명왕성은 내 마음의 행성이다(Pluto is still a planet in my heart)'라고 적힌 티셔츠를 입고 TV에 출연한 적도 있다. 톰보가 그런 손자의 모습을 보았다면 무척 대견해했을 것 같다.

기상천외! 천재 과학자들의 기행과 우행

"천재들은 괴팍하거나 괴짜들이다"란 얘기를 많이 들어보았을 것이다. 이기적이고 인간미 없다는 말 역시 천재들에게 따라붙는 일반적인 평가이기도 하다.

대체 천재들은 왜 그럴까? 그들에게는 하나의 공통점이 있다. 탁월한 지적 능력과 무서운 집중력이다. 이런 사람들에게는 그에 따른 부작용으로 여러 가지 결핍 현상이 나타나는데, 사회 부적응, 타인에 대한 배려 부족, 자기의 관심사 외의 것에는 터무니없을 정도의 무관심 등등이 그것이다. 사회생활에서는 노상 헤매기 일쑤다. 사회지능(SQ)을 조사해보면 대략 두 자리수일 것이다.

심리학에서 이러한 천재들의 특성을 '고기능성 자폐증'이라 진단한다. 자기 전공분야에 대한 지나친 몰입이 다른 부분에 대해 장벽을 형성하고, 그 결과 저능 현상을 초래한다는 것이다. 그러니 천재들의 괴팍스러움은 스스로 원한 것이라기보다, 천재이다 보니 불가피하게 겪는 현상이라고도 할 수 있다. 따라서 천재에 대한 인간적인 측면의 야박한 평가는 사실 당사자로서는 억울할 수도 있다는 말이다.

이런 천재들은 살아가면서 고기능성 자폐가 불러오는 수없이 많은 우행과 기행, 착오를 저지르는데, 그중 포복절도, 재미있는 사례를 몇 개 뽑아 소개

계란 대신 시계를 삶아버린 뉴턴. 미적분, 만유인력을 발견한 인류 최고의 과학 천재다. (출처/wiki)

윌리엄 블레이크의 '뉴턴'(1795). 흔히 뉴턴은 '신의 기하학자'로 묘사된다.

한다. 천재에 대한 이해에 조금은 보탬이 되리라 본다.

계란 대신 시계를 삶아버린 뉴턴

평생을 홀아비로 산 뉴턴이 개와 고양이를 길렀는데, 한 벽면에 고양이가 다닐 구멍을 하나 뚫어주었다. 그런데 구멍이 작아 개는 다닐 수 없겠다 싶어 그 옆에 큰 구멍을 또 하나 더 뚫었다. 친구가 보고 물었다. 벽에 왜 구멍을 둘씩이나 뚫었냐고. "개 하나, 고양이 하나가 필요하잖아." "그럼 큰 구멍 하나만 뚫어 같이 다니면 되지." "아참, 그렇군."

뉴턴은 또 연구에 열중하다 계란을 삶기 위해 물을 끓이는 냄비 속에 계란 대신 회중시계를 넣어버렸다는 일화도 남기고 있다.

다음 일화는 더욱 우리를 아연케 한다. 어느 날 뉴턴이 난로 곁에 앉아 연구에 몰두하고 있었는데, 난로가 뜨겁게 달아올라 견딜 수가 없을 지경이었다. 참다못한 뉴턴은 곧 하인을 불러 난로 속에 있는 불을 끌어내라고 했다.

그러자 하인은 답답하다는 듯 뉴턴에게 말했다. "아니, 난로가 너무 뜨거우면 불을 끌어넬 게 아니라 교수님이 앉은 의자를 뒤로 좀 물리면 되지 않습니까?" 그제야 멍때리는 표정으로 뉴턴이 대꾸했다. "아하! 그런 간단하고 좋은 방법이 있다는 걸 내가 왜 미처 생각을 못 했지?"

자신이 발견한 것을 남에게 빼앗길까봐 늘 전전긍긍했고, 동료 과학자들과 무섭게 경쟁적이었던 나머지 평생 수많은 적들을 만들고 싸웠던 뉴턴은 영국 작가 올더스 헉슬리의 말마따나 '우정, 사랑, 부성애 결핍 등 인간적인 면에서는 최악'이었을지도 모른다. 그러나 그의 미적분과 만유인력 발견 등으로 인해 인류가 오늘의 문명사회로 성큼 다가서게 되었다는 점을 부정할 수 없을 것이다. 오늘날 로켓을 우주로 쏘아올리는 것도 뉴턴 역학 덕분이다.

20년간 자기 집 주소를 못 외운 아인슈타인

이런 뉴턴에 꿀리지 않는 클래스가 바로 아인슈타인이다. 나치의 유대인 박해를 피해 미국으로 망명, 프린스턴 고등연구소에 있을 때 집이 가까워 점심은 늘 집에 와서 먹었다. 걸어다니면서도 늘 머릿속으로는 '연구'를 하던 그는 길에서 동료를 만나 연구 얘기를 하다가 헤

아인슈타인. 20세기 최고의 과학 천재지만, 1등인 뉴턴에 한참 뒤처진 2등이란 평가를 받는다.

어질 때 동료에게 물었다. "여보게. 내가 집 쪽에서 오던가, 연구소 쪽에서 오

던가?" "집 쪽에서 오셨죠." "아, 그럼 점심은 먹은 거로군."

아인슈타인은 또 20년이나 산 자기 집의 주소를 끝내 외지 못했다. 그래서 미국 뉴저지 주 머서카운티 프린스턴 시 머서 가 112의 집주인은 매번 다른 사람의 도움을 받아야 집을 찾을 수 있었다. 때로는 자신의 연구실로 전화를 걸어 주소를 알았다고 한다.

그러나 20세기 최고의 과학 천재가 머리가 나빠서 그러지는 않았을 것이다. 역시 고기능성 자폐증이다. 아인슈타인이 100년 전 발견한 상대성 원리로 인류는 최초로 우주의 탄생과 그 얼개에 대해 과학적으로 접근할 수 있게 되었다.

지하철에서 미적분 문제를 풀어준 물리학자, 리정다오

지하철에서 미적분 문제를 풀어준 리정다오 (출처/wiki)

중성미자의 정체를 밝히는 연구로 노벨 물리학상을 받은 미국 물리학자 리언 레더먼이 다른 물리학자(리정다오)가 지하철에서 겪은 일을 〈신의 입자〉에서 다음과 같이 소개했다.

몇 년 전, 맨해튼 지하철에서 한 노인이 기초 미적분학 문제를 풀던 중 어려운 부분에 막혀서 쩔쩔매다가 옆 좌석에 앉아 있는 생면부지의 승객에게 도움을 청했다. "저, 실례지만 혹시 미적분 할 줄 아십니까?" "아, 네. 조금 할 줄 압니다." 그 승객은 노인의 문제를 받아들자 금방 풀어주고는 다음 정류장에서 내렸다.

　노인이 지하철에서 미적분학 공부를 하는 것도 드문 일이지만, 그 노인의 옆자리에 앉아서 문제를 풀어준 사람은 소립자론에서 이룩한 획기적인 업적으로 노벨 물리학상을 받은 중국 출신의 이론물리학자 리정다오(李政道) 컬럼비아 대학 교수였다.

정신병원 환자로 취급당한 노벨상 수상 물리학자, 리언 레더먼

　그러면서 레더먼은 자신도 지하철에서 겪은 일을 다음과 같이 너스레를 떨어가면서 풀어놓았다. 그도 지하철에서 뜻하지 않은 경험을 한 적이 있는데, 하필 환자들이 그가 있는 곳으로 모여드는 바람에 본의 아니게 그들 중 한 사람이 되었다. 여기까지는 오케이.

정신병자 취급당한 노벨 물리학상 수상자 리언 레더먼

　그런데 잠시 후 간호사가 다가와 환자의 수를 세기 시작했다. "하나, 둘, 셋…." 그 다음에 레더먼과 눈이 마주쳤고, 간호사가 눈을 가늘게 뜨며 물었다. "댁은 누구세요?" "아, 네. 저는 리언 레더먼이라고 합니다. 페르미 연구소의 소장이고 노벨상도 받았지요." 그녀는 레더먼을 손가락으로 가리키며 계속 세어나갔다. "물론 그러시겠죠. 넷, 다섯, 여섯…."

운전기사에게 강의시킨 노벨상 수상자, 막스 플랑크

과학자 중 가장 불행한 가족사를 가졌던 막스 플랑크. 양자역학의 문을 열었다.

양자론의 문을 연 플랑크의 복사법칙을 발견하여 1918년 노벨 물리학상을 받은 막스 플랑크는 일찍이 두각을 나타내 27세의 젊은 나이에 교수가 되었다.

워낙 동안인 플랑크는 40대에도 청년의 얼굴 그대로였는데, 하루는 플랑크가 어느 강의실에서 강의를 해야 할지를 몰라 과사무실 직원에게 물었다. "실례지만 플랑크 교수가 강의하는 교실이 어딘가요?" 직원이 단호한 어조로 말했다. "젊은이, 거긴 가지 말게. 자넨 너무 어려서 플랑크 교수의 강의를 이해하지 못할 거야."

플랑크에게 다음과 같은 일화도 전한다. 양자 이론을 제안하고 발전시킨 공로를 인정받아 1918년, 나이 60세 때 노벨 물리학상을 수상한 플랑크는 이후 독일 전역에서 강연을 해달라는 요청을 받아 바쁜 일정을 소화해야 했는데, 피곤한 사람은 플랑크뿐 아니라 그를 싣고 독일 곳곳을 다녀야 했던 운전기사도 마찬가지였다.

그에 대해 약간 불만이 있었던지 한번은 강의하러 가는 도중에 운전기사가 뒷자리의 플랑크에게 한마디 툭 던졌다. "교수님 강의는 하도 많이 들어 저도 할 수 있겠습니다." 기사의 어깃장을 어떻게 받아들였는지는 모르지만 플랑크가 대뜸 이렇게 대꾸했다. "그럼 이번엔 자네가 한번 해보게나."

이리하여 뜻하지 않게 운전기사가 강단에 서서 열 이론인 복사 이론을 열

강했다. 거기까지는 좋았는데, 강의 후 대뜸 질문이 날아들었다. 그러자 기사는 놀라운 임기응변을 보였다. "흠, 그런 질문은 제 조수가 답변해드리겠습니다." 플랑크가 얼른 강의를 배턴터치해서 무사히 끝냈다고 한다.

이런 인간미 넘치는 막스 플랑크였지만, 그만큼 비극적인 인생을 산 과학자도 드물다. 아내는 폐결핵으로 일찌감치 세상을 떠났고, 1차 세계대전에 참전한 큰아들은 베르됭 전투에서 전사했으며, 두 딸은 모두 아기를 낳다가 죽었다. 게다가 마지막 남은 둘째아들은 2차 세계대전 중 히틀러 암살사건에 연루되어 사형선고를 받았다. 늙은 플랑크는 히틀러에게 달려가 탄원했지만, 1945년 끝내 사형이 집행되었다. 2년 후인 1947년 플랑크도 세상을 떠났다. 향년 89세.

그는 끝까지 나치에 협력하지 않은 드문 독일 과학자였는데, 그를 기려 설립된 막스플랑크연구소는 세계적인 과학 연구기관이다.

최강의 독설가였던 천재 물리학자, 볼프강 파울리

역대 물리학자 중 최강의 독설가로 볼프강 파울리를 추대하는 데 반대하는 사람은 거의 없을 것이다. 1900년 4월 25일 오스트리아 빈의 유명한 유대인 과학자 집안에서 태어난 볼프강 파울리는 조숙한 천재로 어려서부터 총명함을 드러냈다.

1918년 뮌헨 대학 물리학과에 입학한 파울리는 19세 때 당시 대부분의 과학자들조차 난해한 수학과 생경한 개념으로 인해 완전히 이해하기 어려웠던 아인슈타인의 특수 상대성 이론에 대해 237쪽짜리 해설서를 썼다. 아인슈타인조차 이 해설서에 감탄했고, 아직까지도 특수 상대성 이론의 최고 교

역대 물리학자 중 최강의 독설가로 꼽히는 볼프강 파울리. 파울리 배타 원리로 노벨 물리학상을 받았다.

과서로 인정받는다.

파울리는 이어 21살 때 이온화 수소 이론 논문으로 박사학위를 받고, 1925년에는 파울리 배타 원리를 발견했으며, 27살에 취리히 대학 교수로 임명되었다. 1945년에는 파울리 배타 원리 발견의 업적으로 노벨 물리학상을 받았다.

닐스 보어, 하이젠베르크, 보른, 디락과 함께 초기 양자역학의 발전에 많은 기여를 한 코펜하겐 해석자 맴버들 중 한 명이기도 한 파울리는 그의 천재성만큼이나 날카로운 논평, 강력한 독설로 유명했는데, "새로 쓴 논문의 성공 여부를 미리 알고 싶으면 학술지에 발표하기 전에 먼저 파울리에게 검증을 받아보라"는 말이 나돌 정도였다.

그는 상대가 누구인지 가리지 않고 조금이라도 이상한 부분이 눈에 띄면 가차없는 독설을 날렸다. 한번은 파울리의 지도를 받던 제자가 연구논문을 발표했을 때, 말없이 듣고 있던 파울리가 마지막에 한 마디 내뱉었다. "자네는 나이도 젊은데 벌써 무명 물리학자가 되는 데 성공했구만."

파울리로부터 이런 말을 듣고 주눅 들지 않을 사람은 없을 것이다. 그런데 이게 다가 아니었다. 몇 달 후 그 제자가 다시 완성한 논문을 들고 찾아왔을 때는 과학사에 길이 남을 명언을 발사했다. "이건 틀린 정도가 아니야! 틀렸다고 말할 수조차 없는 지경이라고(Not even wrong)!" 제자의 이름은 빅터 바이스코프인데, 스승의 혹독한 조련 덕분이었는지 다행히 훗날 훌륭한 이론 물리학자가 되었다고 한다.

　이런 파울리의 독설은 자신이 아쉬운 부탁을 할 때도 여전했다. 한번은 자기 제자를 당시 과학계의 지존 아인슈타인에게 추천하는 편지를 쓴 적이 있는데, 그 내용이 가관이었다. "아인슈타인 선생님, 이 학생은 제법 똑똑하기는 하지만 수학과 물리학의 차이를 잘 구별하지 못합니다. 선생님도 그렇게 되신 지 꽤 오래인 만큼 잘 보듬어주시리라 믿습니다."

망원경 들고 세상을 떠돈 '성자'

사람들이 우주를 많이 볼수록 세상은 아름다워질 것이다

"이리 와서 망원경으로 토성 고리를 한번 보세요."

"목성 줄무늬와 4대 위성 한번 보실래요?"

밤의 길거리 한 모퉁이에서 이런 말로 호객하는 사람을 만나면 당신은 어떻게 할 것인가? 더욱이 입성은 허름하고 흰머리를 뒤통수에다 질끈 맨 노인이 그런다면? 그 옆에 서 있는 사람 키만 한 망원경 역시 주인을 닮아선지 값싼 페인트칠이 여기저기 벗겨지고 긁힌 자국이 뒤덮고 있어 영 볼품이 없다.

하지만 대부분의 사람들은 망원경으로 우주를 보여주겠다는 유혹을 쉽게 뿌리치기 어렵다. 하나 둘 망원경 주위로 사람들이 모여들고, 토성 고리와 목성 줄무늬를 보며 감탄하는 사람의 귀에 노인은 우주에 관한 지식을 열심히 속삭인다.

미국 샌프란시스코 거리와 국립공원들을 다니며 사람들에게 열정적으로 우주를 보여주고 있는 이 노인이 바로 돕슨식 망원경의 발명자 존 돕슨이다. 그는 평생을 자신이 디자인한 돕슨식 망원경 한 대를 가지고 떠돌면서 세상 사람들에게 우주를 보여주는 일을 자신의 과업으로 삼았다.

돕소니언이라고 불리는 이 망원경은 아이작 뉴턴이 발명한 반사망원경을 더욱 단순한 설계방식으로 개량한 것으로, 경통 아래쪽에는 별빛을 모으는 오목거울이 앉아 있고, 위쪽에는 그 빛을 측면의 접안렌즈로 보내는 작은 평면거울이 비스듬히 달려 있다.

이 망원경의 장점은 아주 값싸고 쉽게 만들 수 있어, 일반 소형 반사망원경을 살 돈이면 대형 돕슨식 망원경을 만들거나 살 수 있다는 점이다. 그러나 존 돕슨은 이 망원경을 특허등록하지 않았다. 누구나 쉽게 만들어 우주를 보게 하기 위해서였다. 망원경에 관한 그의 소신은 "많은 사람이 보는 망원경이 가장 좋은 망원경이다"라고 일찍이 밝힌 바 있었다.

값싸고 기동성이 있는 이 망원경의 등장은 천체 관측을 돕소니언 이전과 이후로 가를 만큼 획기적이었다. 이 디자인은 합판, 호마이카, 골판지 건축 튜브, 재활용 현창 유리, 카펫과 같은 일반적인 소재를 사용하여 손쉽게 제작할 수 있는 뉴턴식 망원경이다.

이 유형의 단순한 경위대 마운트는 일반적으로 아마추어 천문계에서 '돕소니언 마운트'라고도 한다. 이로써 전에 없는 대구경 망원경이 출현하게 되어 천체 관측에 일대 혁명을 일으켰다.

이 천체망원경의 등장은 아마추어 천문가인 별지기들을 큰 구경의 천체망원경 세계로 이끌었으며, 행성이나 가까운 성운, 은하를 보는 것에서 벗어나, 전문가의 영역으로 간주되던 심우주(Deep Sky)에 도전할 수 있게 해주었다.

이처럼 돕소니언은 제작과 조작의 단순함으로 인해 오늘날 특히 아마추어 천문인들에게 큰 인기를 끌고 있는 디자인이다. 워싱턴 DC의 스미소니언 국립항공우주박물관은 박물관의 관측대에서 다른 태양망원경과 함께 돕소니언 망원경을 사용한다.

수도승 출신의 별지기 할아버지

돕슨은 원래 수도승 출신이었다. 이 유니크한 인물의 생애를 간략히 더터 보면, 그는 1915년 중국 베이징에서 태어났다. 그의 외할아버지는 베이징 대학을 설립했고, 어머니는 음악가였으며, 아버지는 동물학 교수였다.

돕슨과 그의 부모님은 1927년에 캘리포니아 주 샌프란시스코로 이사했다. 돕슨은 대학 연구실에서 근무한 1943년 캘리포니아 대학 버클리 분교에서 화학 석사학위를 취득했다. 그러나 시간이 지남에 따라 돕슨은 우주와 우주에서 일어나는 일들에 대해 점차 깊은 관심을 갖게 되었다.

그런 돕슨에게 하나의 전기가 찾아왔다. 1944년 그는 힌두교 베단타 학파의 스와미(swami, 종교지도자) 강연에 참석했다. 돕슨은 "그는 내가 본 적이 없는 세계를 보여주었다"고 회고했다.

같은 해 그는 샌프란시스코의 베단타 공동체 수도원에 합류하여 청빈서약을 하고 라마크리슈나 수도회의 스님이 되었다. 수도원에서의 돕슨의 책임 중 하나는 천문학과 베단타 철학을 조화시키는 것이었다. 그 직분은 그에게 망원경 제작에 눈을 돌리게 했다. 그는 망원경에 바퀴를 달아 수도원 바깥으로 끌고 다니면서 많은 사람들을 매료시켰다.

그러나 망원경 제작과 수도 생활을 병행할 수 없는 상황에 맞닥뜨렸고, 1967년 그는 23년간 몸담았던 수도회를 떠나게 되었다. 수도회를 떠난 돕슨은 이듬해인 1968년 브루스 샘스 등과 함께 천문학의 대중화를 위한 조직 '샌프란시스코 길거리 천문학회'를 창립했다. 그리고 망원경 제작과 천문학 대중화, 우주론 강연 여행으로 생애의 대부분을 보냈다.

그의 강연 중 가장 유명한 것은 1987년 7월 25일 미국 버몬트 주 스프링

87세의 존 돕슨과 그의
돕소니언 반사망원경

필드 부근 산꼭대기에서 한 것이 전설로 남아 있다. 그 산 정상은 스텔라파네(별들의 성지)라는 이름의 관측지로, 쟁쟁한 아마추어 망원경 제작자, 별지기들이 모인 가운데 돕슨은 이렇게 우주와 인간에 관한 자신의 철학을 밝혔다.

"저는 망원경의 크기가 얼마이고, 광학장비가 얼마나 정교하고, 얼마나 아름다운 사진을 찍을 수 있는가 하는 것은 그리 중요하게 생각지 않습니다. 이 광대한 세계에서 여러분보다 혜택을 덜 누리는 사람들이 함께 망원경을 들여다보고 우주를 이해할 수 있는 기회를 공유하는 것이야말로 제가 가장 중요하게 여기는 가치입니다. 저를 줄곧 앞으로 나아가도록 추동하는 유일한 신념은 바로 이것입니다."

이 같은 존 돕슨의 철학에 따라 세계 곳곳에서 자신의 망원경을 내놓고 사람들에게 우주를 보여주는 별지기들이 적지 않다. 서울 청계천 같은 곳에서도 가끔 그런 별지기들을 볼 수 있다. 그들에게 존 돕슨은 영원한 사표이다.

존 돕슨의 삶과 아이디어는 2005년 다큐멘터리 '길거리 천문학자(A

Walkway Astronomer)'로 제작되었다. 그는 PBS 시리즈 '천문학자들'에도 출연했으며, 자니 카슨의 '투나잇 쇼'에도 두 차례 출연했다.

2004년 크레이터 레이크 연구소(The Crater Lake Institute)는 돕슨에게 천문학의 대중화에 대한 업적을 기려 그해의 공로상을 수여했다. 또한 2005년 〈스미소니언 연감〉은 우리 시대의 사람들에게 가장 큰 영향을 끼친 35인 중 한 사람으로 선정했다. 2014년 1월 15일 캘리포니아 버뱅크에 있는 성요셉 병원에서 영면, 향년 98세였다.

사람들에게 우주를 보여주고자 하는 열정으로 평생을 떠돈 '망원경 성자' 존 돕슨은 한마디로 '사람들이 우주를 많이 볼수록 세상이 더 아름다워질 것'이라고 믿었던 영원한 낭만주의자였다.

'불을 끄고 별을 켜다'… 빛공해의 무서운 결과

우리나라 빛공해 세계 2위

빛공해는 지나친 인공조명으로 인해 밤에도 낮처럼 밝은 상태가 유지되는 현상으로, 눈부신 빛이 미세먼지나 지구 온난화처럼 일상생활은 물론이고 생태계 전반에 큰 영향을 미치기 때문에 세계적인 환경 이슈로 떠올랐다.

먼저 '빛공해(Light pollution)'란 "인공조명의 부적절한 사용으로 인한 과도한 빛, 또는 비추고자 하는 조명 영역 밖으로 누출되는 빛이 국민의 건강하고 쾌적한 생활을 방해하거나 환경에 피해를 주는 상태"를 말한다.

이 같은 빛공해는 수면장애, 생태계 교란, 농작물 수확량 감소 등을 일으키고, 특히 야간에 과도한 빛에 노출될 경우 생태리듬이 무너진다.

현재 지구촌은 빛공해로 몸살을 앓고 있는 중이며, 지난 50년간 빛공해는 매년 6%씩 증가해왔다. 최근 연구에 따르면 유럽 인구의 60%, 북미 인구의 80%가 빛공해 때문에 더 이상 밤하늘의 별을 볼 수 없는 것으로 알려졌다.

특히 가로등으로 인해 50만 종의 곤충들이 멸종 위기에 처한 것으로 알려져 있다. 빛공해는 곤충뿐 아니라 사람들의 건강에도 심각한 위협이 되고 있다. 밝은 밤의 지역일수록 암 발생이 증가한다는 유의미한 통계가 그것을 말해준다.

불행하게도 빛공해에 있어서는 한국이 세계 2위를 차지한다. 한국은 빛공해 지역이 전체 국토의 89.4%를 차지해, 이탈리아(90.4%)에 이어 주요 20국 (G20) 중 2위로 나타났다. 따라서 우리나라에서 밤하늘의 은하수를 볼 수 있는 지역은 강원도 양양의 '별빛보호지구' 등 극히 제한적인 지역으로 축소되어 있는 형편이다.

빛공해로 무너지는 동물들의 생태계

여름밤에 매미 울음소리로 밤을 설치는 일이 갈수록 심해지고 있다. 매미 울음소리는 평균 72.7데시벨로, 자동차 소음(67.8데시벨)보다 심하다. 주로 낮에만 활동하는 매미들은 야간의 인공조명 때문에 밤에도 운다고 한다.

국립환경과학원 조사에 따르면, 밤에 매미가 우는 것에는 대개 가로등 같은 인공조명이 달려 있다고 한다. 그 밝기가 무려 153~212룩스가 되는데, 보름달의 밝기가 0.27에 불과한 것에 비교하면 매미가 밤을 낮으로 착각하고 울어대는 것은 당연하다고 볼 수 있다.

매미를 비롯한 곤충은 빛을 쫓는 습성이 있어 한밤에 가로등 근처를 맴돈다. 그러다 기력을 잃거나 포식자에게 노출돼 죽음을 맞는다면 곤충 개체 수가 급감할 것이고, 결과적으로 곤충의 포식자들 역시 생존 위기에 처하고 결국 생태계 먹이사슬에 영향을 미친다.

영국 일간지 〈가디언〉에 따르면, 워싱턴 대학의 생태학자 브렛 세이무어는 관련 연구 150개와 논문 229편을 분석한 결과, 인공조명이 곤충의 삶에 나쁜 영향을 주고 있다는 사실을 알아냈다고 밝혔다. 연구진은 곤충이 달빛을 따라 움직인다고 설명했다. 우리가 시계를 보듯 보름달과 초승달 사이에서 적절한 시기를 선정해 먹이를 찾아 나서고, 신호를 주고받고, 알을 낳거나 교미를 하는 등, 달빛이 수많은 동물·곤충의 생리작용과 행위에 있어 막대한 영향력을 미친다는 사실이 확인됐다고 밝혔다.

가로등이나 밝은 간판 근처에서 나방을 포함한 여러 곤충을 본 적이 있을 것이다. 이는 곤충들이 인공조명을 달빛이라 착각해서다. 빛 주변을 날아다니던 나방들은 대부분 날다 지쳐 죽거나, 포식자에게 잡아먹힌다.

연구진은 분석한 논문 하나를 언급했다. 2018년 기준 전 세계에 100만 종의 곤충이 서식하고 있는데, 수십 년 내에 40% 이상이 멸종한다는 내용이다. 서식지 파괴, 빛공해 등이 주원인이 될 것이라는 게 연구진의 생각이다.

빛공해는 곤충에 한하지 않고 다른 동물의 영역에까지 악영향을 미친다. 바다거북은 해안가 모래사장 10km 이내에 알을 낳는 습성을 지녔다. 아기 바다거북들은 주로 밤에 알을 깨고 바다로 이동한다. 육지동물에게 잡아먹히지 않기 위해서이다.

아기 바다거북들은 반짝이는 빛을 따라 바다로 가는 길을 찾는데, 대형 전광판과 가로등을 비롯한 야간조명이 늘어나면서 육지를 헤매는 일이 늘었다. 미국 플로리다 대학 연구진에 따르면 빛공해 때문에 아기 바다거북 무리의 절반가량이 방향감각을 상실할 정도라고 한다.

빛공해가 농작물 수확량 떨어뜨린다

빛공해는 동물뿐 아니라 식물이나 농작물에도 영향을 준다. 야간조명은 식물의 생리 생태에도 여러 가지 영향을 미치는데, 식물의 광합성과 성장 등 영양 생리와 생물계절에 영향, 단일식물과 장일식물의 꽃눈 형성에 미치는 영향, 수분을 위한 방화 곤충에 부정적인 영향을 준다.

아조레스 제도 상미겔 섬의 은하수. 빛공해로 인류의 3분의 1이 밤하늘에서 은하수를 볼 수 없게 되었다. (출처/Miguel Claro)

　농작물에 대한 인공광의 영향으로는 벼나 시금치 등에 미치는 영향이 잘 알려졌다. 벼는 낮의 길이가 짧아지고 밤의 길이가 길어질 때 개화하는 단일 식물인데, 야간조명에 의해 출수 지연이 발생한다. 그 영향이 가장 강하게 나타난 것은 출수 전 20~40일 기간이라고 알려졌다.

　이 때문에 도로 주변에서 벼를 재배하는 경우에는 조명기구 설치방법 및 점등기간에 주의가 필요하다. 국내 농촌진흥청 국립식량과학원 조사에 따르면, 야간조명으로 꽃이 빨리 피어 피해를 보는 작물은 보리, 밀, 시금치 등이며, 꽃이 늦게 피어서 피해를 보는 작물은 벼, 콩, 들깨, 참깨 등으로 나타났다. 이러한 상황을 고려할 때, 지자체들이 너도나도 시골의 도로변에 무분별하게 가로등을 세우는 전시행정은 지양되어야 할 것이다.

빛공해로 뒤덮인 남한과는 달리 보이는 게 거의 없는 북한의 밤 사진. 국제우주정거장에서 찍은 북한의 밤 풍경이다. 수도인 평양시에서 비쳐나오는 한 줌 불빛만 있을 뿐, 대부분의 지역은 거의 완벽하게 어둠으로 뒤덮여 있다. (출처/NASA)

사람의 건강에도 심각한 영향 미쳐

빛공해에 피해를 입는 것은 사람도 예외가 아니다. 우리나라의 빛공해 피해 사례 중 제일 높은 비율을 차지하는 것이 수면장애로, 약 60%에 이른다. 그럼에도 불구하고 우리나라는 주택가를 비추는 공공조명의 빛방사 허용 기준이 다른 나라보다 3배 이상 높아 논란이 되고 있다.

그뿐 아니라, 빛공해가 심한 지역 상위 25%에 사는 남성은 빛공해가 심하지 않은 하위 25%에 사는 남성보다 전립선암 발생률이 1.7배 높은 것으로 나타났다. 유방암의 경우, 우리나라에서 교대 근무를 하는 여성을 대상으로 조사한 결과, 빛공해에 계속 노출되는 여성은 그렇지 않은 여성보다 유방암 발생 위험이 1.24배 높은 수치를 보였다. 이는 빛공해가 가깝게는 수면에 직접적인 영향을 주게 되고 장기적으로는 암을 일으킬 수 있다는 것을 보여주는 결과이다. 여성의 유방암과 남성의 전립선암은 둘 다 호르몬과 관계가 깊은 암들로, 이 두 가지 암이 가장 야간 빛공해와 관련이 있는 암으로 알려져 있다.

빛공해는 또한 불면증·우울증·고지혈증·두통 등을 일으키는 것으로 알려졌고, 2010년 국제암연구소는 빛공해가 인체 면역력을 떨어뜨린다는 연구 결과도 내놓았다.

'불을 끄고 별을 켜다' 캠페인

빛공해를 줄이기 위한 시민들이 자발적으로 운동도 꾸준히 지속되고 있다. 매년 하루를 잡아 소등 캠페인을 벌이는 '불을 끄고 별을 켜다' 캠페인이 그것이다. 연구자들은 이 같은 시민운동으로 빛공해에 대한 경각심을 대중에 일깨워주고 적절한 대응을 해나간다면 사태를 해결할 수 있을 것이라고 보고 있다.

먼저 불필요한 전등 대신 적절한 음영을 사용한다면 빛공해가 많이 줄어들면서 곤충이 다치거나 죽는 일도 없을 것이라는 얘기다. 연구팀은 사람의 움직임을 파악해 자동으로 켜고 꺼지는 조명, 그리고 청백색 조명 사용을 자제하는 게 큰 도움이 된다고 강조했다. 또 달빛으로 오인할 수 있는 조명은 반쯤 가리는 조치를 취해 곤충들이 모여들지 않도록 해야 한다고 덧붙였다.

또한 조명기구의 설치에서 설치 지점, 전등갓의 빛 방사각도 조절 등의 방법으로 그 피해를 줄일 수 있다. 옥탑 조명, 상향 조명과 같이 상향되는 빛을 방지하는 한편 누출광 억제도 필요하다. 그리고 밤새 조명을 하는 광고, 간판, 업소 등에 대해 유럽처럼 밤 10시 이후에는 소등하도록 하는 법령 정비가 필요하다.

빛공해는 사람의 건강과 생태계에 피해를 줄 뿐만 아니라 에너지 낭비, 쾌적한 야간 활동과 천체관측 방해, 도시 품격 저하 등을 유발한다. 우리 생활에 필요한 빛은 충분히 확보하되, 불필요한 빛은 최소한으로 줄여 주변 환경이나 경관과 조화로운 좋은 빛 환경을 만들어야 한다.

'불을 끄고 별을 켜다' 캠페인 포스터 (출처/에너지시민연대)

그러기 위해서는 현재 느슨한 빛공해 관련법을 종합적으로 손질, 강화하는 작업이 무엇보다 먼저 이루어져야 할 것으로 보인다. 현재 전 세계적으로 빛공해를 줄이기 위한 노력이 경주되고 있으며, 어두운 밤하늘 보호를 위해 '불을 끄고 별을 켜자'는 운동이 활발히 일어나고 있는 중이다. 우리도 이에 적극적으로 동참해야 할 것이다.

빅뱅이 〈성서〉의 '천지창조'일까?

우주가 탄생한 날은 '어제 없는 오늘'이었다

2017년 프란치스코 로마 교황이 국제우주정거장(ISS)에 머무는 우주인들과 철학적인 대화를 나누어 세간의 관심을 모았다. 교황은 우주인들에게 "우주 속 인간 존재에 대해 어떻게 생각하는가?" 하는 철학적인 질문을 던지고, 우주 생활에 대한 관심과 함께 세상을 신의 시각에서 볼 수 있는 우주인들에게 부러움을 표하면서 20분간 우주인들과의 대화를 이어갔다.

원래 로마 교황들의 우주에 대한 관심은 오랜 전통이다. 자신들의 신앙과 직결되어 있기 때문이다. 갈릴레오의 대학 동문이었던 교황 우르바누스 8세가 지동설을 주장한 갈릴레오를 모질게 박해한 것도 교리 문제가 얽혀 있었기 때문이다. 갈릴레오가 "〈성서〉는 하늘로 가는 방법을 가르쳐줄 뿐이며, 하늘이 어떻게 작동하고 있는지는 말해주지 않는다"라고 항변했지만, 끝내 종신연금을 피할 수가 없었다.

이처럼 과학을 억압했던 기독교이지만, 20세기 들어서 세 불리를 느끼자 더이상 저항을 멈추고 과학에 편승하려는 움직임을 보였다. 마침 나타난 빅뱅 이론이 기독교에 더없이 좋은 소재가 되어주었다.

영원 이전부터 우주가 존재했다는 정상 우주론은 한마디로 반기독교적인 우주론이었다. 기독교에서 볼 때 가당찮은 주장이었다. 영원 이전이라니, 우

빅뱅의 물증인 우주배경복사. 나사의 WMAP이 측정했다. 138억 년 동안 우주공간을 떠돈 빅뱅의 잔광이다. (출처/NASA/WMAP Science Team)

주는 분명 하나님이 6,000년 전에 창조하신 것이라고 〈성서〉는 말하고 있잖은가. 이건 남의 얘기가 아니다. 얼마 전 우리나라에서도 한 공직자 후보가 지구의 역사가 6,000년이라 말해 세상을 경악시킨 일이 있었다.

〈성서〉에는 분명 이렇게 적혀 있다. "태초에 하나님이 천지를 창조하셨다."

빅뱅 이론이 바로 이 천지창조를 얘기하고 있는 것이다. 우주도 시작이 있었다. 인간과 마찬가지로. 더욱이 이 빅뱅 이론을 맨 먼저 주창한 이는 벨기에 출신의 천문학자인 가톨릭 신부였다. 조르주 르메트르(1894~1966). 그는 대학에서 토목공학을 전공하다가 1차 세계대전에 참전하고 돌아온 후 인생 항로를 크게 틀어 천문학자가 되었다.

세상의 시작은 아름다운 불꽃놀이로…

수학에 폭넓은 지식을 가지고 있던 르메트르는 아인슈타인의 일반 상대성 원리에 나오는 중력장 방정식을 깊이 연구한 끝에, 우주는 과거 한 시점에서 시작되었으며 지금도 팽창하고 있다는 '팽창우주 모델'을 세상에 선보였다.

르메트르는 후일 빅뱅 이론으로 발전된 '원시원자(primeval atom)' 개념을 도입하여, 팽창하는 우주의 시간을 거슬러올라가면 우주의 기원, 즉 그가 '어제가 없는 오늘(The Day without yesterday)'이라고 불렀던 태초의 시공간에 도달한다는 선구적 이론을 펼쳐냈다.

1927년 브뤼셀에서 열렸던 세계 물리학자들의 솔베이 회의에 참석한 르메트르는 아인슈타인을 한쪽으로 데리고 가서 자신의 팽창우주 모델을 설명했다. 하지만 아인슈타인으로부터 "당신의 계산은 옳지만, 당신의 물리는 끔찍합니다"라는 끔찍한 말을 들었다. 아인슈타인이 거부한다는 것은 곧 전 과학계가 거부한다는 뜻으로, 르메트르는 그만 자신의 이론에 흥미를 잃고 한동안 잊은 듯이 지냈다.

그러나 그로부터 2년 뒤인 1929년 혜성처럼 나타난 미국의 신참 천문학자 에드윈 허블(1889~1953)이 우주가 팽창하고 있다는 움직일 수 없는 관측 증거를 내놓았다. 이 하나의 발견으로 허블은 20세기 천문학계의 영웅으로 등극했고, 빅뱅 이론은 화려하게 부활했다.

1950년, 교황 비오 12세가 르메트르의 팽창우주 모형, 즉 원시원자 이론이 유신론의 증거로, 〈성서〉 창세기의 창조 이야기를 과학적으로 입증해주었다고 선언했다. 르메트르는 이 교황의 말에 크게 화를 내며, 개인적으로 종교와 과학을 섞는 것을 반대한다고 말했다. 그도 그럴 것이, 당시에는 아직 빅뱅 이론이 정상 우주론과 치열한 논쟁을 하는 중으로, 교황의 개입이 오히려 빅뱅 이론을 궁지로 몰 수도 있었기 때문이다.

예컨대 프레드 호일 등 정상 우주론자들은 르메트르를 비판하면서 가톨릭 신부 교육이 우주의 기원에 대한 그의 관점을 왜곡시켜 원시원자 이론이 〈성서〉의 창세기에서 '창조'라는 개념을 이끌어냈다고 공격했다. 아인슈타인 역시 팽창하는 우주라는 개념은 일고의 가치도 없는 것으로 간주했다.

일개 신부의 신분이었지만 르메트르는 빅뱅 이론을 종교적으로 언급하는

빅뱅 이론의 아버지 르메트르. 평생 '신의 길'과 '과학의 길'을 같이 가기로 결심한 후 천문학자로 빅뱅 이론을 주창했다.

것을 삼가줄 것을 교황에게 건의했고, 그후 비오 12세는 두번 다시 빅뱅이 창세기의 천지창조라는 주장을 펼치지 않았다.

르메트르가 '솔베이의 절망'을 맛본 지 6년 만인 1933년, 마침내 아인슈타인의 항복을 받아냈다. 우주 팽창을 발견한 허블의 윌슨 산 천문대에서 열린 세미나에서 르메트르는 에드윈 허블을 비롯한 쟁쟁한 천문학자와 우주론자들 앞에서 빅뱅 모델에 대해 발표했다. 그는 자신이 좋아하는 불꽃놀이를 가미하여 현재의 우주 시간을 시적으로 표현했다.

"모든 것의 최초에 상상할 수 없을 만큼 아름다운 불꽃놀이가 있었습니다. 그런 후에 폭발이 있었고, 그후엔 하늘이 연기로 가득 찼습니다. 우리는 우주가 창조된 생일의 장관을 보기엔 너무 늦게 도착했습니다."

아인슈타인은 르메트르의 팽창우주 강의를 듣고 "내가 들어본 것 중 창조에 대해서 가장 아름답고 만족스러운 설명"이라는 찬사를 보냈다.

빅뱅 이론과 정상 우주론의 승부는 르메트르가 말한 '태초의 휘광'의 증거물이 1965년에 발견됨으로써 결정되었다. 바로 대폭발의 화석이라 불리는 우주배경복사였다. 미국 물리학자 펜지어스와 윌슨은 우주배경복사의 발견으로 1978년 노벨 물리학상을 받았다.

지금도 우리는 우주배경복사를 직접 볼 수 있는데, 방송이 없는 채널의 텔레비전에 지글거리는 줄무늬 중의 1%는 바로 그것이다. 138억 년이란 억겁의 세월 저편에서 달려온 빅뱅의 잔재가 당신 눈의 시신경을 건드리는 거라고 생각해도 결코 틀린 말은 아니다.

빅뱅이 과연 신의 '천지창조'일까? 그것은 아무도 모른다. 과학자들이 지금까지 내놓은 답은 이렇다. "인과(因果)에는 반드시 시간이 개입되며, 시간역시 빅뱅과 함께 시작되었기 때문에 그 이전에 무엇이 있었는가 묻는 것은 성립되지 않는 질문으로 아무런 의미도 없다."

빅뱅의 화석이 발견되었다는 소식은 임종을 앞둔 르메트르에게도 전해졌다. 평생 신과 과학을 함께 믿었던 빅뱅의 아버지 르메트르는 1966년 우주속으로 떠났다. 향년 72세.

수조 년 날아갈 보이저 호가 일러주는 '사후의 삶'*

* 이 글은 보이저 우주선에 관련해 종교적인 '영생'의 의미를 탐구한 제임스 E. 허친슨 플로리다 국제대학교 종교–과학 명예교수의 칼럼(Space.com 2022년 6월 2일)을 바탕으로 가공한 것임. (저자 주)

10억 년 가는 '병 속의 편지'

보이저 1호는 인간의 피조물로서 지구로부터 가장 멀리 떨어져 있는 물체다. 1977년 지구를 떠난 후 목성을 비롯해 토성, 천왕성, 해왕성을 스쳐지났던 보이저 1호는 48년이 지난 현재 태양계를 벗어나 지구로부터 약 248억 km 떨어진 성간 공간을 달리고 있다.

이는 지구-태양 간 거리(1AU)의 165배에 달하는 엄청난 거리로, 초속 30만km의 빛으로도 23시간이 걸린다. 지구에서 전파 신호를 보내고 다시 회신을 받는 데 꼬박 이틀이 걸린다는 뜻이다.

보이저 1호와 그 쌍둥이 보이저 2호는 모두 골든 레코드 형태로 인류의 다양한 정보를 담고 있다. 우주라는 바다에 던진 '병 속 편지' 같은 이 레코드에는 55개 언어로 된 인사말, 자연의 소리와 이미지, 다양한 문화권의 녹음과 영상이 담겨 있다. 1977년 우주선이 지구를 떠났을 때 미국 대통령이었던 지미 카터가 쓴 환영 메시지도 포함되어 있다.

골든 레코드는 우주 환경에서 10억 년 동안 존속할 수 있도록 제작되었다. 그런데 최근 분석에서 만약 우주선이 별에 가까이 접근하지 않는 한 수조 년 동안 건재할 수 있을 거라는 계산서가 나왔다. 이 같은 보이저 우주선의 놀라운 수명은 우리가 영생과 불멸에 대해 다시 한번 생각하게 하는 진입로로 안내한다.

많은 사람들에게 불멸은 죽음 뒤에도 영혼이 영원히 존재한다는 믿음이다. 그것은 또한 한 인간의 유산이 기억과 기록으로 영원히 지속되는 것을 의미할 수도 있다. 골든 레코드를 통해 보이저는 그러한 유산을 존속시키지만, 그것은 먼 미래에 외계문명에 의해 발견되고 평가되는 경우에만 가능한 일이다. 아무도 보이저를 발견하지 못한다면 보이저가 가진 인류의 유산은 '무'일 따름이다.

사후의 삶이 있는가?

불멸에 대한 종교적 신념은 다양하고 광범하다. 대부분의 종교는 개인의 사후 그 영혼의 존재를 예견하며, 구체적인 예시로 별들 사이의 영원한 거주에서 환생에 이르기까지 매우 다양하다. 많은 기독교인과 이슬람교도에게 이상적인 영생은 천국이나 낙원에서 하나님의 임재 안에 영원히 거하는 것이다.

불멸의 신념은 개인에게만 국한되지 않는다. 그것은 집단적일 수도 있다. 많은 유대인들에게 이스라엘 민족과 그 국가의 최종 운명은 가장 중요한 가치다. 많은 기독교인들은 모든 죽은 자들의 부활과 신실한 자들을 위한 하나님 왕국의 도래를 고대하고 있다.

골든 레코드에 그의 메시지와 사인이 영원히 기록된 지미 카터 (1924~2024)는 진보적인 침례교인이자 불멸을 믿는 종교적 희망의 본보기

두 보이저 우주선의 몸통에는 전 세계에서 온 2시간 분량의 소리, 음악, 인사말이 담긴 골든 레코드가 부착되어 있다. (출처/NASA)

였다. 죽기 전, 그는 죽음에 대해 다음과 같이 결론을 내렸다.

"내가 죽든 살든 그것은 나에게 중요하지 않습니다. 나의 기독교 신앙에는 죽음 이후의 삶에 대한 완전한 확신이 있습니다. 그래서 나는 죽은 후에도 다시 살 것입니다."

'우리가 마음에 남겨두는 것이 영생이다'

세속적이거나 비종교적인 사람들에게는 사후에 영혼이 계속해서 존재한다는 주장이나 믿음에서 찾을 수 있는 위안이 거의 없다. 그러나 대부분의 사람들은 살아 있는 동안 자신이 하는 행동이 미래에 계속 의미가 있는 유익한 유산으로 남기를 원한다. 사람들은 자신이 기억되고 인정받기를 원하며, 심지어 소중히 여겨지기를 원한다. 칼 세이건은 그것을 멋지게 요약했다.

"우리가 마음에 남겨두는 것이 영원히 사는 것이다."
(To live in the hearts we leave behind is to live forever)

골든 레코드에 관한 아이디어를 제시하고 개발을 주도한 칼 세이건은 뇌의 죽음으로 의식적인 자아가 소멸될 것이라는 생각보다 자녀가 자라는 것을 보는 것과 같은 중요한 삶의 경험들을 놓치는 것이 더 슬플 것이라고 생각했다. 그는 죽음에 대해 다음과 같이 말했다.

"죽음 앞에서도 저의 신념엔 변화가 없습니다. 저는 이제 소멸합니다. 저의 육체와 저의 영혼 모두 태어나기 전의 무로 돌아갑니다. 묘비에서 저를 기릴 필요 없습니다. 저는 어디에도 없습니다. 다만, 제가 문득 기억날 땐 하늘을 바라보세요."

사후의 삶을 믿지 않는 칼 세이건은, 자신이 죽는다면 그것은 우주로의 회귀라고 보았다. 내 몸을 이루는 모든 물질은 원자로 다시 분해되지만, 그 분해된 원자들 속에 나는 이미 존재하지 않는다는 생각이다.

외계인이 사라진 인류를 기억할 것인가?

보이저 1, 2호는 1조 년 이상 존재할 것으로 추정되는데, 이는 인간의 피조물로서 불멸의 존재라 할 만한 것이다. 약 50억 년 후에 연료가 고갈될 것으로 예상되는 태양이 종말을 맞이하기 전에 이미 지구상의 모든 생물 종이나 산, 바다, 숲은 사라져버릴 것이다.

인류와 관계된 모든 것들이 '무'로 돌아가버리면, 우리 인류와 지구의 모든 경이로웠던 아름다움이 마치 존재하지 않았던 것처럼 되고 말 것이다. 우주가 그것을 기억해줄까?

그러나 먼 미래에도 두 대의 보이저 우주선은 여전히 우주공간을 날고 있을 것이며, 골든 레코드의 메시지가 바라는 선진 외계 문명의 발견을 기다리고 있을 것이다. 그러한 기록만이 객관적인 불멸의 일종인 지구의 증거이자 유산으로 남을 것이다.

종교인과 영적인 사람들은 사후에 신이나 또는 사후 세계가 그들을 기다리고 있다는 믿음에서 위안을 찾을 수 있다. 하지만 무신론자의 경우, 누군가 또는 무언가가 인류를 기억하기를 희망하는데, 그렇다면 그 일을 문명화된 외계인이 할 것인가? 그렇다 한들 무슨 의미가 있을까?

필자가 보기엔 얼마 전 작고한 정진규 시인의 '다섯 번째 별'이 그 답이 될 수 있지 않을까 생각한다.

무얼 그리 추워하느냐
이별이다 이별이여
이 봄 선운사 동백꽃 보러 가서
나는 해결 보았다
지는 꽃잎 찾아보고 해결 보았다
꽃들마다 깔끔하게 떠나고 있었다
놓아주고 있었다
별이 되고 있었다
동백꽃 진 자리에 고이는 어둠

누가 새롭게 어둠 하날 찢고 있었다
새 별 돋고 있었다
무얼 그리 추워하느냐
이별이다 이별이여
그렇게 헤어지자
그렇게 놓아주자
우리는 기쁜 어둠이 되자
(정진규의 '다섯 번째 별' 전문)

Chapter 6

과학이 우주의
비밀을 다 밝혀낼 수 있을까?

나의 관심은 여러 현상을 규명하는 것이 아니라,
신의 생각을 알아내는 것이다.
그밖의 것은 부차적인 것이다.

| 아인슈타인: 독일 태생의 미국 물리학자 |

'138억 년' 우주의 나이는 어떻게 알아냈을까?

우주 나이 138억 년 찾기

대상이 무엇이든, 사람은 그 나이를 알고 싶어 한다. 골동품이라면 얼마나 오래된 건가 묻고, 또래를 만나면 '민증 까기'부터 한다. 지구와 은하, 우주에 대해서도 마찬가지다. 하지만 이들의 나이를 알아내기란 그리 쉬운 일이 아니다. 과학자들의 숱한 땀과 노력을 요구한다.

지구의 나이는 약 46억 년으로 밝혀졌지만, 지질학자들이 1세기에 가까운 노력을 기울인 끝에 겨우 알아낸 사실이다. 지구의 민증을 까는 데는 방사성 연대측정법을 이용했다.

방사성 원소의 붕괴는 오로지 시간에만 관련될 뿐, 주위의 압력이나 온도 등에는 전혀 영향받지 않고 규칙적으로 붕괴한다. 이들 원소가 붕괴되어 반으로 줄어드는 시간을 반감기라 한다. 탄소-14의 반감기는 6,000년이고, 우라늄 235와 238의 반감기는 각각 7억 400만 년, 44억 7천만 년이다. 이 방법을 이용해 지구의 암석에 들어 있는 방사성 원소의 반감기를 정밀 측정해서 얻은 값이 약 45억 6,700만 년이다.

우주의 나이는 분명 지구 나이보다는 많을 게 뻔하다. 우주의 나이를 어림하는 데 최초로 사용된 것은 늙은 별들의 집단인 구상성단이다. 구상성단 속에서 가장 늙은 별을 조사해본 결과 120억 년에 근접한다는 사실을 알아냈다. 은하계에 있는 구상성단들의 평균 나이가 이 정도였기 때문에 우주의 나이가 적어도 120억 년보다는 많다는 계산이 나온다. 이에 비해 46억 살 가량인 우리 태양계는 우주에서 한참 어린 신참자라는 사실을 알 수 있다.

천문학자들은 이에 만족하지 않고 다른 도구를 찾아나섰다. 은하계를 샅샅이 뒤진 끝에 찾아낸 것은 죽은 별의 시체라 할 수 있는 백색왜성이었다. 크기는 지구만 하지만 질량은 태양 정도여서, 각설탕만 한 크기가 1톤에 이를 만큼 놀라운 고밀도의 별이다.

백색왜성은 중간 이하의 질량을 지닌 항성이 핵융합을 마치고 적색거성이 된 다음, 외부 대기는 우주공간으로 방출되며 행성상 성운을 만들고, 별의 중심핵만 남은 천체다. 말하자면, 에너지를 생성하는 별로서는 폐업하고 차츰 식어가는 일만 남은 셈인데, 가장 차가운 백색왜성의 표면온도는 수천 도 가량 된다.

이 별의 냉각 시간을 계산해본 결과, 이에 이르는 시간은 110~120억 년으로 추산되었다. 이 역시 구상성단의 나이와 비슷하게 맞아떨어지는 것으로 보아 120억 년을 우주 나이의 기준선으로 설정하게 되었다.

우주 나이에 관한 결정적인 물증은 르메트르의 빅뱅과 허블의 우주 팽창에서 나왔다. 우주가 한 원시원자에서 출발해서 오늘까지 팽창을 계속하고 있다면, 이 시간을 영화 필름 돌리듯 거꾸로 돌리면 우주 탄생의 시점에 도달할 수 있을 것이 아닌가! 너무나 간단한 방법이었다. 곧, 우주의 팽창 속도를 측정하고, 이 값으로부터 거꾸로 우주의 크기가 0이 될 때까지의 시간을 계산함으로써 우주의 나이를 추론할 수 있게 되는 것이다.

우주의 팽창 속도는 허블 상수가 말해준다. 허블 상수는 지구로부터

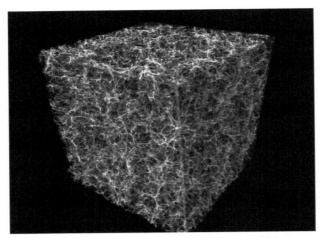

우주 거대구조(large-scale structure of the cosmos). 우주에 분포한 은하들이 나타내는 거품 모양의 구조. 우주 은하들의 3차원 공간 분포 조사를 통해 밝혀졌다. 거품 안의 빈 공간은 거시공동이라 한다. (출처/NASA)

100만 파섹(326만 광년) 거리당 후퇴속도를 나타낸다. 이 허블 상수를 이용해 우주가 지금의 크기로 팽창하는 데 걸리는 시간을 계산할 수 있는데, 허블 상수의 역수를 취하면 바로 그게 허블 시간(Hubble time)이라고 부르는 우주의 나이다. 허블 상수가 50일 때는 우주 나이가 약 200억 살, 100일 때는 약 100억 살이 나온다.

그런데 문제는 허블 상수를 정하는 게 그리 간단치가 않다는 점이다. 허블이 처음 구한 허블 상수는 500이었다. 이 값을 대입하면 우주 나이가 지구 나이보다 적은 것으로 나온다. 그러나 차츰 정밀한 관측으로 허블 상수가 조정되면서 137억 년이란 우주 나이를 얻게 되었다.

2013년 3월, 유럽우주국의 플랑크 위성이 정밀한 우주배경복사 관측으로부터 얻은 데이터로 구한 허블 상수는 약 67.80km/s/Mpc이었다. 이 값으로 다시 계산하면 우주의 나이는 137.98±0.37억 년으로, 이는 오차가 0.268%에 불과한 정확도를 가진 값이다. 그러니 우리는 간단하게 우주의 나이를 138억 년으로 기억하자.

138억 년이란 얼마나 오랜 시간일까? 우리가 100살을 산다고 칠 때, 이를 초 단위로 나타내면 약 30억 초다. 그러니 138억 년이란 시간은 우리 인간에겐 거의 영겁이라 해도 무방하지 않을까?

빅뱅 직후 몇 초 안에 우주에는 무슨 일이 일어났나?

우리가 아는 것과 모르는 것

빅뱅 직후에 무슨 일들이 있어났는가?

믿거나 말거나 물리학자들은 우주가 빅뱅 직후 불과 몇 초밖에 되지 않았을 때의 상황을 이해하기 위해 대뇌를 혹사하고 있다.

그러나 당시의 상황은 복잡하고, 마땅한 검증 방법이 없는 만큼 과학자들의 외로운 싸움은 아직도 계속되고 있다. 하지만 소득이 영 없었던 것은 아니다. 상당한 진전을 이루어내긴 했지만, 그래도 여전히 많이 부분이 베일에 가려져 있다. 미니 블랙홀에서 물질 상호작용에 이르기까지 태초의 아기 우주는 엄청 붐비는 장소였다.

일반적인 줄거리부터 훑어보자. 138억 년 전 갓 태어난 우리 우주는 믿을 수 없을 정도로 뜨겁고 작았다. 온도는 무려 1천조 도, 크기는 복숭아만 했다. 천문학자들이 우리 우주가 탄생 1초 만에 엄청난 속도의 팽창기를 겪었다고 보는데, 이를 인플레이션이라 한다.

이 사건으로 우리 우주는 역사상 가장 혁신적인 시대에 접어들었다. 우리 우주는 이로 인해 순식간에 어마무시하게 커졌다. 천문학자들은 계산서까지 뽑아냈는데, 대략 10^{52}배로 확대된 것으로 나타났다. 이 급속한 팽창단계가 끝났을 때, 인플레이션을 일으킨 그 무엇(아직도 그것이 무엇인지 우리는 모른다)

은 쇠퇴하고, 물질과 방사능이 우주를 가득 채웠다. 그러나 그 과정이 어떠했는지 역시 밝혀지지 않았다.

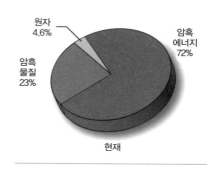

문자 그대로 몇 분 후, 첫 번째 원소가 우주에 나타났다. 이 시간 이전에 우주는 너무 뜨겁고 밀도가 높아서 안정된 어떤 것도 형성할 수 없었고, 쿼크(원자핵의 구성요소)와 글루온(강한 핵력 운반체) 반죽의 거대한 플라스마 바다였다. 그러나 우주가 10분 남짓 지난 후에는 쿼크가 서로 결합하여 최초의 양성자와 중성자

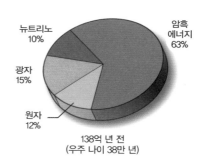

우주의 조성비 (wiki)

를 형성할 수 있을 만큼 충분히 냉각되고 팽창되었다.

그러자 양성자와 중성자는 최초의 수소와 헬륨 그리고 약간의 리튬을 만들기 시작했고, 이러한 과정은 수억 년 후 최초의 별과 은하를 만들어내기까지 계속되었다. 첫 번째 원소의 형성으로부터 우주는 계속 팽창하고 냉각되어 결국 플라스마와 중성 기체로 가득 차게 되었다.

이 개괄적인 이야기가 대체로 옳다는 것은 알고 있지만, 특히 첫 번째 원소가 형성되기 이전의 시간에 대해서는 많은 세부사항이 누락되었음을 우리는 알고 있다. 우주가 겨우 몇 초밖에 되지 않았을 때 일부 물리법칙에 위배되는

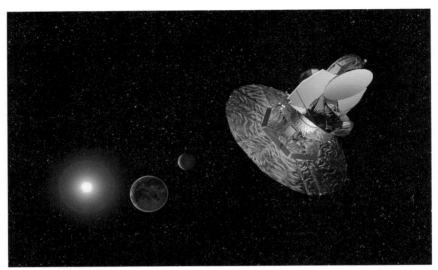

정밀한 우주배경복사 관측으로 우주의 나이가 138억 년이란 걸 알려준 플랑크 위성 (출처/ESA)

사건이 작동했을 수 있다. 그렇다면 현재 우리가 가진 물리학으로는 규명하기 어려울 수도 있지만, 그렇다고 해서 그것을 알아내려는 우리의 시도와 노력은 계속될 것이다.

우주에서 일반물질은 4.6%뿐

최근 주목받고 있는 매우 이색적인 초기 우주 시나리오는 다음과 같이 설명한다.

5년간의 WMAP 데이터를 기반으로 우주의 구성물질 조성비를 보면, 암흑에너지가 74%, 암흑물질이 22%, 일반물질이 4%로 나와 있다. 그러니까 우리가 보는 온 우주의 별과 은하, 성간물질 등을 통틀어도 4%에 지나지 않는다는 말이다.

우리는 암흑물질과 암흑 에너지의 정체를 전혀 모르고 있지만 그것이 우주에 있는 물질의 96% 이상을 차지한다는 것은 알게 되었다. 우리 인류는 약 4%에 지나지 않는 일반물질 위에 까치발을 하고 우주를 올려다보는 형국인 것이다.

초기 우주의 뜨겁고 진한 수프에서 어떻게 정상 물질이 생성되었는지 잘 알고 있지만, 암흑물질이 언제 어떻게 무대에 등장했는지는 전혀 모르고 있다. 태초의 몇 초 안에 나타났을까, 아니면 훨씬 나중에 나타났을까? 암흑물질이 과연 첫 번째 원소로 이어지는 우주 화학을 엉망으로 만들었을까, 아니면 그냥 뒷전에 얌전히 머물러 있었을까? 아직까지 우리는 모른다.

그리고 또 인플레이션이 있다. 우리는 이 놀라운 팽창 이벤트에 에너지를 공급한 것이 무엇인지 알지 못하고 있으며, 그 시간이 지속된 이유도, 중단된 이유도 모른다. 아마도 인플레이션은 우리가 가정했던 것보다 오래 지속되어 온전히 1초 동안 작동했을 것으로 보고 있다.

다른 상황도 있다. 모든 우주학자들에게 큰 골칫거리가 되고 있는 물질-반물질 비대칭 문제이다. 실험을 통해 물질과 반물질은 완벽하게 대칭적이라는 것을 알 수 있다. 우주 전체에 걸쳐 만들어진 물질의 모든 입자에 해당하는 반물질 입자가 있다. 그러나 현재의 우주를 둘러보면 반물질은 한 줌도 볼 수 없고 정상 물질 더미만을 볼 수 있을 뿐이다. 따라서 물질-반물질 균형을 깨뜨리기 위해 우주의 처음 몇 초 동안 엄청난 사건이 일어났을 것이라고 유추할 수 있다. 그러나 무엇이 그 같은 사건을 일으켰는가에 관한 정확한 메커니즘은 아직도 안개에 가리워져 있다.

만약 암흑물질과 인플레이션, 반물질이 충분하지 않았다면 초기 우주가 미니 블랙홀의 홍수를 만들어냈을 가능성도 있다. 지난 130억 년 동안 블랙홀은 모두 거대한 별의 죽음에서 비롯되었다. 죽는 별만이 물질 밀도가 블랙홀 형성에 필요한 임계값에 도달할 수 있는 유일한 장소이기 때문이다. 그러나 초기 우주 곳곳에서 충분한 물질 밀도를 달성하여 별 형성 과정을 거치지 않고도 블랙홀을 생성할 수 있었을 것이라고 과학자들은 생각하고 있다.

중력파를 통해 아기 우주를 본다

우리의 빅뱅 이론은 풍부한 관측 데이터에 의해 뒷받침되고 있지만, 그래도 우리의 호기심을 충족시킬 수 있는 미스터리가 여전히 많이 남아 있다. 고맙게도 우리는 우주 초기 시대에 관해 완전한 장님은 아니다.

예를 들어, 우주가 몇 초 밖에 되지 않았을 때의 상태를 직접 볼 수는 없지만, 강력한 입자 충돌기에서 이러한 상황을 재현해 완벽하지는 않지만 우주 초기 환경의 물리학과 태초의 몇 초 동안 우주에서 일어난 사건의 단서를 찾을 수 있을지도 모른다. 물리법칙을 초월한 일이 일어났다 하더라도 반드시 그 흔적을 남겼을 것이다. 암흑물질의 양이나 인플레이션 시간이 달라졌다면 수소와 헬륨의 생성이 어떻게 되었을지 알 수 없다. 아마도 오늘날 우리가 우주에서 측정할 수 있는 상태로 되지는 않았을 것이다.

우주는 탄생 후 38만 년이 지났을 때 플라스마에서 중성 기체로 전환되었다. 물질에서 놓여나 방출된 빛은 우주 마이크로파 배경의 형태로 지속되었다. 우주가 미니 블랙홀들을 만들어냈다면 이 잔광 패턴에 영향을 미치게 된다.

우리는 우주 초기 상태를 직접 관찰할 수 있을지도 모른다. 빛이 아니라 중력파를 통해서. 그 혼란스러운 지옥은 우주의 마이크로파 배경과 같이 시공간 구조에 무수한 주름을 지게 했을 것이며, 그것은 오늘날까지 남아 있을 것이다.

우리는 아직 중력파를 직접 관찰할 수 있는 기술을 가지고 있지 않지만, 점차 거기에 가까이 다가가고 있는 중이다. 이윽고 거기에 이른다면, 아마도 우리는 갓 태어난 우주의 모습을 엿볼 수 있을 것이며, 빅뱅 직후 무슨 일이 일어났는지 보다 잘 이해할 수 있게 될 것이다.

우주는 120억 년 전에 어떻게 '물'을 만들었을까?

120억 년 전 우주에 등장한 물 발견했다!

삼라만상을 이루고 있는 다양한 물질 중에서 가장 경이로운 존재는 무형으로는 빛, 유형으로는 물이 아닌가 싶다.

지구 표면의 71%를 뒤덮고 있는 물은 수백만 종에 이르는 지구상의 생명들을 키워냈으며, 오늘날에도 뭇 생명들은 물에 의지해 생을 영위해나가고 있다. 우리 인간의 몸 역시 70%가 물로 이루어져 있다. 따라서 물을 마시지 않고는 단 며칠도 버틸 수 없다. 이처럼 물은 생명에 필수적인 요소이다.

물이 산소와 수소로 이루어진 화학물질이라는 사실을 최초로 밝혀낸 사람은 200여 년 전 프랑스 화학자인 앙투안 라부아지에였다. 1783년 라부아지에가 이 같은 사실을 발표했을 때 사람들은 크게 놀랐다. 왜냐하면 그때까지만 해도 사람들은 고대 그리스의 철학자 아리스토텔레스가 주장한 대로 물이 세상을 이루는 기본적인 물질인 원소라고 믿고 있었기 때문이다. 아리스토텔레스의 선배격인 탈레스는 '물이 만물의 근원'이라는 일원설(一元說)을 주장하기도 했다.

그러나 세상 사람들보다 더욱 놀란 사람은 그 같은 사실을 알아낸 라부아지에 자신이었다. 수소는 불을 붙이면 폭발하는 기체이고, 산소 역시 불에 무섭게 타는 기체다. 그러나 이 둘이 결합하면 불을 끄는 물이 된다는 사실을

태양계가 생성되던 때의 물. 지구 바다를 채우고 있는 물은 태양보다 더 오래된 것이라 한다.

최초로 알았을 때 라부아지에는 자연의 신비에 전율하지 않을 수 없었다.

그렇다면 이 물은 언제 어떻게 우주에 나타나게 된 것일까? 아주 최근의 따끈한 발견에 의하면, 물은 우주가 탄생한 지 10억 년 남짓 지났을 무렵인 120억 년 전부터 우주에 등장했다고 하며, 인류가 그것을 직접 눈으로 확인까지 했다는 보고가 나왔다.

2011년 7월 초거대 블랙홀 천체인 퀘이사 APM 08279+5255라는 활발한 은하 부근에서 천문학자들은 거대한 우주 저수지를 발견했다. 그곳 구름에는 지구 바닷물 양의 140조 배 이상의 물이 포함되어 있었다. 상상을 초월하는 어마무시한 수량이다. 그렇다면 물은 우주 초창기부터 아주 풍부하게

거대한 우주 저수지. 지구 바닷물 양의 140조 배 이상의 물이 포함되어 있는 초 거대 블랙홀 천체인 퀘이사 APM 08279+5255. 120억 광년 거리에 있다. (출처/ NASA/ESA)

우주에 존재했다는 얘기가 된다. 이토록 많은 물은 어떤 경로로 만들어졌을까? 그 경로를 한번 따라가보도록 하자.

빅뱅의 우주공간은 수소 구름의 바다였다

138억 년 전 빅뱅으로 우주가 출발한 직후, 태초의 우주공간은 수소와 헬륨으로 가득 채워졌다. 수소와 헬륨의 비율은 약 10 : 1 정도였는데, 그 비율은 오늘날까지 거의 변하지 않고 있다. 130억 년 이상 별들이 수소를 태웠지만 우주 전체 규모로 봤을 때는 미미한 양이기 때문이다. 현재 우주의 물질 구성은 수소와 헬륨이 99%를 차지하며 다른 중원소들은 1% 미만이다.

어쨌든 수소와 헬륨 외의 90여 가지 원소들 중 원소번호 26번인 철 이하는 모두 핵융합하는 별 속에서 만들어졌으며, 이후 우라늄까지의 중원소들은 모두 거대 항성이 종말을 맞는 방식인 초신성 폭발 때 만들어졌다. 폭발 때의 엄청난 온도와 압력으로 인해 핵자들이 원자핵 속을 파고들어 금이나 우라늄 등 중원소들을 벼려냈던 것이다.

이런 엄청난 고온이나 압력은 지구상에서는 도저히 재현해낼 수 없는 것으로, 옛날 연금술사들이 온갖 방법으로 금을 만들어내려던 것은 사실상 헛고생에 지나지 않은 셈이다. 그 연금술사 속에는 인류 최고의 과학 천재 뉴턴도 끼어 있다.

초신성이 터질 때 별 속에서 만들어졌거나 또는 폭발시에 벼려졌던 모든 원소 가스와 별먼지가 우주공간으로 내뿜어진다. 이 별먼지가 바로 성운으로, 다른 별을 만드는 재료로 쓰인다. 이른바 별의 윤회인 셈이다.

그러나 별을 만드는 데 사용되지 않은 원소들은 우주공간에 떠돌다가 다른 원소들을 만나 결합한다. 산소 원자 하나가 수소 원자 두 개를 붙잡으면 H_2O, 바로 물분자가 되는 것이다. 이들이 행성이나 소행성들이 만들어질 때 합류한다. 지금도 우주를 떠도는 수많은 소행성, 혜성들은 이 물분자가 만든 얼음덩어리로 되어 있다.

우주에서 물이 생성되는 과정을 축소하여 태양계 버전으로 살펴본다면, 내부 태양계가 물을 수용할 수 있는 방법은 두 가지로, 하나는 그림에 나오는 설선(雪線) 안에서 물 분자가 먼지 입자에 들러붙는 것이고(말풍선 그림), 다른 하나는 원시 목성의 중력 영향으로 탄소질 콘드라이트가 내부 태양계로 밀어넣어지는 것이다. 이 두 가지 요인에 의해 태양계가 형성된 지 1억 년 안에 물이 내부 태양계에서 만들어진 것으로 과학자들은 보고 있다.

우주공간에서 만들어진 물은 태양과의 거리에 따라 다른 양태로 존재하게

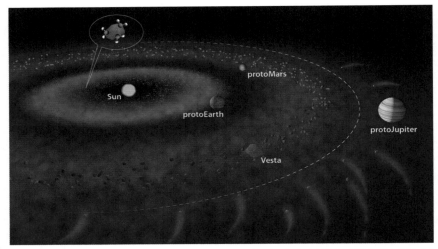

원시 태양계를 묘사한 위의 그림에서 보이는 흰 점선은 설선이다. 이 선의 안쪽은 따뜻한 내부 태양계로 얼음이 안정되지 않은 상태로 있는 데 반해, 푸른색의 외부 태양계는 얼음이 안정된 상태다. (출처/WHOI/ Jack Cook)

되는데, 따뜻한 내부 태양계에서는 외부 태양계에 비해 얼음이 안정되지 않은 상태로 있는 데 반해, 푸른색의 외부 태양계는 얼음이 안정된 상태다. 그 경계선을 설선이라 한다.

지구 바다는 소행성이 가져다준 것

그렇다면 물의 행성이라 불리는 우리 지구의 바다는 어디에서 온 것일까? 대부분의 과학자들은 지구의 바다가 원래 지구에 있던 물에서 비롯되었다고 보지 않으며, 태양계 내의 어디로부터 온 것이라는 생각을 갖고 있다. 지구 바다의 기원은 종래 소행성과 혜성이 지목되었지만, 최근의 연구에 의하면 거의 소행성으로 굳어져가는 추세다.

지구 바다의 근원을 결정짓기 위해 과학자들은 수소와 그 동위원소인 중수소의 비율을 측정했다. 중수소란 수소 원자핵에 중성자 하나가 더 있는 수소를 말한다. 우주에 있는 모든 중수소와 수소는 138억 년 전 빅뱅 직후에 만들어진 것으로, 그 비율은 중요한 의미를 갖는다. 물에 있는 이 두 원소의 비율은 그 물이 만들어진 때의 장소에 따라 다르게 나타난다. 그래서 외부 천체에서 발견된 물의 중수소 비율을 지구의 물과 비교해봄으로써 그 물이 같은 근원에서 나온 것인가, 곧 같은 족보를 가진 것인가를 알아낼 수 있는 것이다. 중수소는 지구상에서는 만들어지지 않는 원소이다.

이 중수소의 비율을 측정해본 결과, 지구 바다의 물과 운석이나 혜성의 샘플이 공히 태양계가 형성되기 전에 물이 생겨났음을 보여주는 화학적 지문을 갖고 있는 것으로 밝혀졌다. 이러한 사실은 적어도 지구와 태양계 내 물의 일부는 태양보다도 더 전에 만들어진 것임을 뜻한다.

유럽우주국(ESA)이 67P 혜성 탐사를 위해 띄운 로제타 호가 이온 및 중성 입자 분광분석기를 이용해 혜성의 대기 성분을 분석한 결과, 지구의 물과는 다른 중수소 비율을 가진 것으로 밝혀졌다. 중수소 비율은 물의 화학적 족보에 해당하는 것으로, 지구상의 물은 거의 비슷한 중수소 비율을 갖고 있다.

이 같은 로제타의 분석은 혜성이 지구 바다의 근원이라는 가설을 관에 넣어 마지막 못질을 한 것으로 받아들여지고 있다. 이는 또한 우리 행성에 생명을 자라게 한 장본인은 소행성임을 증명하는 것이기도 하다.

물 분자들은 태양과 그 행성들을 만든 가스와 먼지 원반에 포함된 물질이었다. 그러나 38억 년 전의 원시 지구는 행성 형성 초기의 뜨거운 열기로 인해 바위들이 녹아버린 상태여서 물이 존재할 수가 없었다. 지구의 모든 수분은 증발하여 우주로 달아나고 말았던 것이다.

그후 원시지구는 한때 가혹한 소행성 포격 시대를 겪었다. 이들 천체는 거의 얼음으로 이루어진 것으로, 어느 정도 식은 원시지구에 대량 충돌해 바다를 만들었다고 과학자들은 생각하고 있다.

금의 기원… 우주는 어떻게 금을 만들었을까?

당신 손가락에 끼워져 있는 금반지의 금은 최소한 46억 년은 된 것이다. 왜냐면, 금은 결코 지구에서는 생성될 수 없는 금속이기 때문이다.

우주의 어디에선가 생성된 금이 46억 년 전 태양계 초창기 지구가 만들어질 때 마그마 상태의 지구로 흘러들어왔고, 그것이 지하에서 금맥을 형성하여 광부의 손에 채굴되고, 금은방을 거쳐 당신 손가락에 끼워진 것이다.

문명의 여명기 때부터 인류의 역사에 깊숙이 관여한 금은 지금으로부터 6,000년 전쯤 메소포타미아에서 처음으로 사용되었다.

금의 독보적인 특성

여명기 때부터 인류의 문명사에 깊숙이 관여한 금은 지금으로부터 6,000년 전쯤 메소포타미아에서 처음으로 사용되었다. 금은 구리 다음으로 인간이 가장 먼저 사용한 금속으로, 기원전 3000년경 메소포타미아 인은 금으로 만든 투구를 사용했다.

또한 이집트의 왕릉에서 출토된 호화로운 금제품을 비롯해 잉카문명 등에

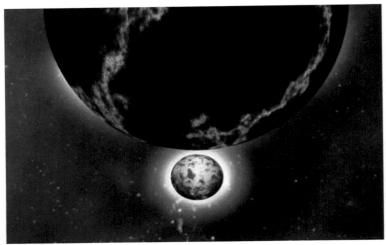
두 개의 중성자별이 충돌하기 직전에 서로를 향해 나선형으로 돌고 있는 것을 묘사한 그래픽.
당신은 이미 우주에서 가장 강력한 폭발로 생기는 기념물을 소유하고 있을지도 모른다. (출처/
NASA)

서 보이는 다양한 금제품을 보더라도 인류가 고대로부터도 금을 중요시했음을 알 수 있다. 금을 최초로 화폐로 사용한 사람은 그리스 인이었는데, 로마와 인도도 이 제도를 이어받아 금화를 만들어 사용했다.

　금에 대한 인간의 욕망은 중세에 와서 연금술을 발달시켰고, 또 당시의 사상에도 큰 영향을 주었다. 〈동방견문록〉을 쓴 마르코 폴로의 모험이나 콜럼버스의 항해도 동양의 금을 구하려는 것이 첫째 목적이었으며, 근세 유럽의 발전도 금·은의 무역에서 비롯되었다고 할 수 있다. 16세기의 중남미 침략을 시발점으로 19세기 북아메리카의 골드러시에서 그 절정을 이루었으며, 남아프리카 및 오스트레일리아의 개발도 그 여파라 할 수 있다.

인류는 왜 예나 지금이나 이렇게 금을 좋아하는 걸까?

금(金)은 화학원소 기호가 Au이며, 원자번호는 79이다. 금 원자의 핵 속에 양성자가 무려 79개나 들어앉아 있다는 뜻이다. 금은 매우 무거운 금속으로서, 이 세상에 존재하는 모든 원소 중 금보다 무거운 원소는 그리 많지 않다.

노란색을 띠는 금의 가장 큰 특성은 연성(軟性)과 전성(展性)이 매우 뛰어나다는 점이다. 실처럼 길게 늘이거나 얇게 펼 수 있다. 일례로 가로, 세로, 높이가 모두 1인치인 정육면체의 금을 넓게 펴면 가로, 세로, 높이가 모두 10m인 공간을 뒤덮을 수 있을 만큼 넓게 펴진다. 또 금 1g으로는 3,000m 이상의 금선을 제작할 수 있다. 또한 금은 어떤 상황에서도 녹이 슬지 않고 아름다운 광택을 유지하므로 도금을 이용하여 장신구 제작에 많이 사용되었다.

금의 이러한 특성 때문에 수천 년 이상 화폐로 쓰였으며, 현대에는 치과, 전자제품뿐 아니라 전자공학, 특히 인쇄기판이나 실리콘(규소)을 겉에 입힌 반도체에 쓰이는 등 그 용도가 광범하다.

우주의 원소 제조창

그러면 금은 대체 우주의 어디에서 어떤 과정을 거쳐 생성된 것일까? 금의 생성을 말하기 전에 우주에서 원소들이 어떻게 출현했는가를 간단히 살펴볼 필요가 있다.

138억 년 전 빅뱅이 일어난 직후 1초 만에 우주공간에 가장 먼저 나타난 원소는 수소(H)였다. 수소는 원자번호 1번으로, 양성자 하나에 전자 하나가 붙어 만들어진 가장 간단한 원소이다. 고대 그리스 철학자들이나 그후 수많은 과학자가 애타게 찾아 헤맸던 아르케(Arche), 곧 만물의 근원은 바로 이 수소였다.

수소를 탄생시킨 빅뱅의 우주공간은 너무나 뜨거웠기 때문에 일부 수소 원자들은 핵융합을 시작해 3분 후에는 헬륨(He)을 생성했고, 우주는 이후 수소 92%와 헬륨 8%의 조성비를 유지하면서 오늘에 이르게 되었다. 현재 우주의 조성비도 수소, 헬륨 외의 중금속은 1% 미만이다.

대폭발 핵합성은 우주 창조 후 3분에서 20분 정도까지만 일어났으며, 우주에 존재하는 헬륨-4 및 중수소의 대부분을 형성했다. 그후 우주는 팽창과 더불어 온도가 급속히 떨어지는 바람에 대폭발 핵합성이 매우 짧은 시간에 끝났으며, 원자번호 3번 리튬(Li)을 약간 만들었을 뿐, 이후 중원소는 합성하지 못했다.

그렇다면 자연계에 있는 원자번호 92번인 우라늄(U)까지는 어떻게 만들어졌을까? 답은 별이다. 태양 같은 작은 별은 헬륨 이상의 중원소는 합성하지 못하지만, 그보다 무거운 별들은 별 중심의 핵융합으로 계속 헬륨 이후의 중원소들을 합성해나간다. 그러나 원자번호 26번 철까지가 한계다. 철은 가장 안정된 원소로서 일반적인 항성의 핵융합으로는 생성할 수 없다.

이처럼 산소나 탄소같이 대부분의 흔한 원소들은 별 내부에서 합성되어 초신성과 같은 별의 폭발 과정을 통해 생성되고 별의 죽음과 함께 우주에 널리 퍼졌다. 우리가 사는 지구를 구성하고 있는 물질 대부분도 이러한 과정을 거쳐 형성된 것이다.

그러면 철 다음의 코발트(Co) 이후 금, 은(Ag), 우라늄까지는 어떻게 만들어졌을까? 얼마 전까지만 해도 이들은 모두 초신성(supernova) 폭발 때 만들어진 것이라는 가설이 대세였다.

하지만 보통 크기의 항성 내부에서 금이나 백금처럼 무거운 원소들이 산소나 탄소처럼 쉽게 생기기는 어려우므로 지구에 존재하는 금이나 백금의 기원은 오랫동안 풀리지 않는 수수께끼로 남아 있다가 마침내 초신성 핵융합이 그 대안으로 떠올랐다.

태양보다 10배 이상 질량이 큰 별이 초신성 폭발로 생애를 마감할 때 그 엄청난 온도와 압력으로 인해 폭발 직후 단 1초 사이에 철보다 무거운 중금속들이 일시에 생성되었다는 것이다. 따라서 그렇게 많은 양이 만들어지진 않는다. 이것이 금이 쇠보다 비싼 이유다.

태양계에는 철보다 무거운 원소들이 존재하기 때문에, 태양과 지구가 탄생하기 전에 이미 초신성 폭발을 경험했다는 것을 의미한다.

중성자별들이 충돌하면 벌어지는 일

그러나 우리 태양계에 있어 금의 상대적 평균 비율은 전형적인 초신성 폭발에서 만들어질 수 있는 것보다 더 높게 나타난다. 따라서 정확한 금의 출생지는 여전히 완전히 밝혀지지 않은 상태였는데, 일부 천문학자들은 금과 같은 중성자가 풍부한 중원소의 경우 희귀한 초고밀도의 중성자별 충돌과 같은 폭발에서 가장 쉽게 만들어질 수 있다는 가설을 제안했다.

중성자별은 별의 일생에 있어 거의 말기에 해당하며 초신성 폭발 후 죽은 초신성의 중심핵이 중성자별을 형성한다. 양성자보다 약간 더 무거운 중성자로만 구성된 중성자별은 현재까지 관측된 우주의 천체 중 블랙홀 다음으로 밀도가 크다. 거의 12~13km의 반지름에 태양의 두 배에 달하는 무거운 질량을 가지고 있다. 차숟갈 하나의 중성자별 물질의 질량이 수십억

톤이나 된다.

이러한 중성자별이 이따금 두 개가 근접한 거리를 두고 쌍을 이루고 있는 것이 발견된다. 천문학자들은 이같이 쌍을 이룬 두 별이 충분히 가까워져서 충돌이 일어난다면 어떤 일이 발생할 것인지 슈퍼컴퓨터를 이용해 계산을 한 결과, 두 중성자별이 충돌할 때 감마선이 방출될 정도의 강력한 에너지가 발생한다.

결국 두 별은 블랙홀을 형성하게 되지만 별을 이루고 있던 일부 물질들은 우주로 방출된다. 폭발을 통해 방출되는 물질들은 매우 밀도가 높고 섭씨 10억 정도로 매우 뜨거운 상태이기 때문에 핵융합반응이 일어난다. 상대적으로 크기가 작은 결정핵은 철과 같은 원소를 형성한 뒤 자체적으로 중성자를 흡수해서 금이나 백금 같은 무거운 원소가 생성된다는 것이다.

금이나 백금을 포함한 물질들은 점차 식으면서 우주공간에 넓게 흩어져 성운을 만들고, 이 성운들이 모여서 다시 별과 행성들을 탄생시킨다.

금의 기원에 대한 새로운 수수께끼

중성자별의 충돌 현장이 금의 출생지라고 한다면, 이 이론으로 설명할 수 없는 부분이 현재 우주에 있는 금의 양이 중성자별이 생성할 수 있는 것보다 5배나 많다는 점이다. 이는 중성자 충돌 외에도 금을 생성하는 다른 과정이 있어야 한다는 것을 뜻한다.

이 수수께끼를 풀기 위해 초신성뿐 아니라 중성자별 충돌에 관해서도 과학자들은 열심히 들여다보고 있다. 2017년 이러한 충돌의 첫 번째 증거는 금, 스트론튬 및 코발트가 실제로 후자에서 형성된다는 것이 확인되었다.

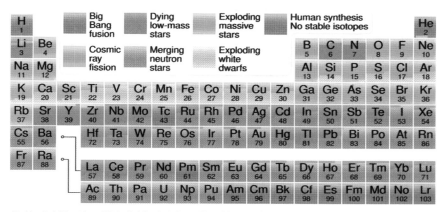

우라늄까지 원소와 그 형성 과정을 나타낸 주기율표 (출처/wiki)

2019년에 또 다른 연구도 중성자별이 '원소 공장'의 역할을 한다는 것을 확인했다. 영국 하트퍼드셔 대학의 치아키 코바야시와 그 동료들은 주기율표의 모든 원소의 형성을 조사하기 위해 그들의 독자적인 모델을 사용했다. 또한 기본 과정이 오늘날 관찰될 수 있는 이러한 원자의 양을 설명할 수 있는지를 결정했다. 그 결과 대부분의 요소에 대해 현재 모델은 관측과 일치한다.

　우주의 초신성과 기타 폭발 과정은 빅뱅 이후로 충분히 생성됐다. 그러나 이것은 금과 같은 무거운 원소에는 적용되지 않는다. 오늘날의 우주에는 중성자별 충돌만으로 만들 수 있는 것보다 더 많은 것이 있다는 사실은 "정말 놀라운 일이었다." 예를 들어 금은 모델이 제안하는 것보다 우리은하에서 5배 더 흔하다. 이것은 초기 우주에서 그 모든 금이 어디에서 왔는지에 대한 질문을 제기한다. 중성자별끼리의 충돌률이 너무 낮고 시간 간격이 너무 길어 중성자별 합병만을 통해서는 현재 있는 금의 생성을 설명할 수 없다.

중세의 연금술사 (출처/google)

천체물리학자들 사이에서 논의되는 한 가지 가능성은 신비롭고 특히 강한 초신성 폭발이다. 이 초신성에서 매우 거대하고 빠르게 회전하며 강한 자성을 가진 별의 핵이 붕괴해 여느 초신성 폭발보다 훨씬 더 큰 에너지를 방출한다.

천문학자들은 이미 우주에서 거대한 폭발 일부를 관찰했다. 이 초신성에서 어떤 원소가 방출되었는지는 아직 불분명하다. 금과 유사한 무거운 원소의 출생 비밀은 여전히 풀리지 않는 미스터리다. 다만 두 가지 과정이 다 금을 만드는 데 이바지하지 않았을까 하는 추측을 해볼 수 있을 따름이다.

최후의 연금술사 뉴턴

그러나 초신성 폭발이든 중성자별 충돌이든, 우리가 상상할 수 없는 어마어마한 온도와 압력만이 금과 같은 중원소를 만들 수 있다는 데에는 의문의 여지가 없다. 질량이 태양의 수십 배 되는 천체가 일순간 대폭발이나 대충돌을 하고, 거기서 나온 엄청난 에너지가 중성자를 원자핵 속으로 박아넣어 순간적으로 생성되는 것이 금 같은 중원소다.

그러니 이 손톱만 한 지구상에서 사람이 무슨 짓을 하든 금을 만들 수 없다는 것은 자명한 사실이다. 그런데도 '원자'를 모르던 연금술사들은 중금속을

들이마시는 등 모진 고생을 감수하면서 금 만들기에 매달렸다. 그중에는 인류 최고의 과학 천재라는 아이작 뉴턴도 끼어 있었다.

사실 뉴턴은 수학이나 물리보다 연금술에 더 많은 시간과 에너지를 소모했다고 한다. 그의 연구실에 밤새 불이 켜져 있을 때는 십중팔구 연금술에 빠져 있을 때였다. 뉴턴은 금 만들기를 위해 납에 수은을 넣고 끓이는 실험을 여러 번 한 적 있다고 한다. 그 결과 수은 같은 중금속을 너무 들이마신 탓에 만년에는 정신착란까지 겪어야 했다.

그의 사후 머리칼에서 수은 중독의 증거가 나왔다. 그리고 그가 남긴 방대한 문서를 조사하던 관계자들은 연금술에 관한 문서들을 '출판 불가' 딱지를 붙여 영원히 밀봉했다.

그 연금술사들의 이루지 못한 꿈은 현대과학이 마침내 이루게 되었다. 입자가속기를 이용한 인공 원소 합성으로 마침내 금을 생성하는 데 성공한 것이다. 그러나 그 비용이 금값보다 수백 배나 많이 들어 경제적으로는 거의 쓸모없는 연금술이었다. 그래도 지하의 연금술사들이 인간의 손으로 금을 만들었다는 데 한 가닥 위안을 느낄지는 모르겠다.

과연 금은 우주의 어디에서 왔을까? 우리 손가락에 끼워져 있는 금반지 하나에도 이처럼 우주의 거대한 비밀이 숨어 있는 것이다.

우주가 편평하다는 건 무슨 뜻일까?

빛이 밝혀주는 공간의 비밀

우주는 편평하다. 공간이 편평하다니… 3차원이 편평하다는 것은 대체 무슨 뜻일까? 우리 감각은 3차원이 편평한 것을 느낄 수가 없다. 그러나 수학을 이용하면 공간이 굽어 있는지, 편평한지를 알 수 있다. 그것을 한번 알아보도록 하자.

먼저 우리가 해야 할 일은 편평하다는 게 어떤 건지를 정의해야 하는 것이다. 2차원 평면에서 생각해본다면 편평하다는 것은 면이 굴곡 없이 고르다는 뜻이다. 그러나 같은 2차원이라도 지구와 같은 구면에 대해서는 수학적으로 서술할 수 있는 방법이 필요하다.

이 구면에 대한 기하학이 이른바 비유클리드 기하학이다. 우주의 구조를 이해하는 데도 비유클리드 기하학의 도움이 필수적이다. 비유클리드 기하학의 출발점은 유클리드 기하학의 제5 공리인 평행선 공리였다.

"한 직선이 두 직선과 교차하면서 생기는 내각의 합이 180도보다 작을 때, 두 직선을 계속 연장하면 두 각의 합이 작은 쪽에서 만난다."

이처럼 유클리드 기하학에서는 직선 밖의 한 점을 지나 그 직선과 만나지 않는 직선은 하나밖에 없으며, 평행선은 아무리 연장해도 만나지 않는다고 가정하고 있다.

비유클리드 기하학은 19세기에 들어서 형태를 갖추었는데, 여기서는 평면상의 두 직선은 모두 만나며, 직선 밖의 한 점을 지나고 그 직선과 만나지 않는 직선을 그을 수는 없다고 가정하는 곡면의 기하학을 만들었다.

유클리드 기하학이 '평면 위의 기하학'인 데 비해, 비유클리드 기하학은 '곡면 위의 기하학'이라 불린다. 유클리드의 평면은 곡률이 0이다. 구는 모든 지점에서 곡률이 같으며, 구의 두 대원(大圓, 두 점과 구의 중심을 지나는 면이 구면 위에 그리는 큰 원)은 유클리드 공리가 요구하는 한 점이 아니라 두 점에서 서로 만난다. 지구의 적도와 양극을 지나는 대원을 상상하며 이해하기 쉽다. 적도에서 정북으로 향한 두 평행선을 출발시키면 두 직선은 북극점에서 만난다.

구의 곡률이 양인 데 반해 음의 곡률도 있다. 예컨대, 말안장 같은 곡면은 음의 곡률이다. 곡률의 음, 양을 판단하는 기준은 그 면에 그려지는 삼각형 내각의 합이다.

내각의 합이 180도보다 크면 양의 곡률, 180도보다 작으면 음의 곡률이다. 지구의 표면에 삼각형을 그려보면 내각의 합이 180도보다 크게 나온다. 지구가 양의 곡률을 가진 구면이기 때문이다. 이에 비해 말안장 위에다 삼각형을 그리고 내각의 합을 구해보면 180도보다 작게 나온다. 바로 음의 곡률임을 알 수 있다.

지구의 안쪽은 말안장처럼 휘어져 있다. 이 면 위에서는 평행으로 출발한 두 직선이 서로 무한히 멀어진다. 이를 수학에서는 쌍곡선이라 한다.

현재 우리가 살고 있는 우주공간은 비유클리드 공간이다. 2차원의 면이 굽어 있음을 우리가 알 수 있는 것은 우리가 3차원적 존재로 여분의 차원을 넣어 그것을 굽힐 수 있기 때문이다. 그러나 3차원 공간은 굽힐 수가 없다. 여분의 차원을 위한 공간이 더 이상 없기 때문이다. 그런 면에서 우리는 구면 위를 기어가는 개미와 비슷하다. 개미는 자신이 기어가고 있는 구면이 굽어 있는지를 알 수가 없다. 그 표면을 벗어날 수 없기 때문이다. 3차원 공간이 휘어 있는지 알 수 없다는 점에서 우리는 인간 개미라고도 할 수 있다.

2차원에서 사는 사람(절대로 3차원으로 못 나옴)이 자신이 사는 평면의 성질을 알고자 한다면 그 위에 삼각형을 그리고 각도를 더해보면 알 수 있다. 기하학의 위력이다.

'빛은 우주공간의 본질을 밝혀주는 지표'

3차원 공간이 굽었는지를 알려면 무슨 방법이 있을까? 가장 간단한 방법은 직접 4차원 이상의 공간으로 나가 살펴보는 것이다. 그러나 3차원에 사는 인간으로서는 불가능한 일이다. 따라서 우리는 다시 수학의 힘을 빌리지 않으면 안 된다. 2차원 평면에서 삼각형을 썼듯이, 3차원에서는 직진하는 빛을 사용하면 된다.

그런데 직선이란 두 점을 연결하는 최단 거리지만, 이 정의는 평면 위나 굽지 않은 3차원 공간에만 적용된다. 구면 위에서 두 점 사이의 최단 거리는 두 점을 지나는 대원의 일부다. 일반적으로 공간의 두 점 사이 최단 거리를 측지선이라 하고, 빛은 이 측지선을 따라 진행한다. 따라서 3차원 공간이 굽었는가의 여부를 판단할 수 있는 방법 중 하나는 빛이 직선으로 나아가는지를 살펴보는 것이다.

일반적으로 빛은 최단 경로, 곧 가장 빠른 길을 따라 진행하는 성질이 있

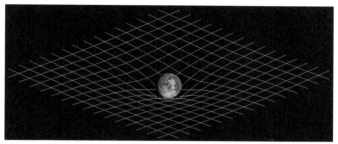
물체가 공간을 구부러뜨린다.

다. 이를 페르마가 발견하여 페르마의 원리, 또는 최단 시간의 원리라 불린
다. 반사나 굴절도 모두 이 원리로 풀이된다. 그런데 일반 상대성 이론에 따
르면, 빛이 중력장을 지날 때는 이 원리가 성립되지 않는다. 아인슈타인은 빛
의 경로가 직선이 아니고 휘어진다면 곧 공간이 휘어져 있기 때문이라고 보
았다. 빛의 경로는 공간의 성질을 드러내준다. 그래서 아인슈타인은 "오직 빛
만이 우주공간의 본질을 밝혀주는 지표"라고 말했다.

물질이 우주 구조를 결정한다

우주의 구조는 그 안에 물질이 얼마나 담겨 있느냐에 따라 결정된다. 일반
상대성 이론에 따르면 질량은 공간을 휘게 한다. 우주에 담긴 질량이 임계밀
도보다 크다면, 우주공간 자체가 안으로 짜부라들 수 있다. 그러면 빛은 한없
이 직진하는 게 아니라, 결국은 굽은 공간 때문에 휘어서 돌아오게 된다. 이
것이 닫힌 우주다.

반대로, 우주 전체의 질량밀도가 충분히 크지 않다면, 우주의 곡률은 전체
우주를 짜부라들게 할 정도로는 크지 못할 것이며, 그러한 상황은 경계가 없

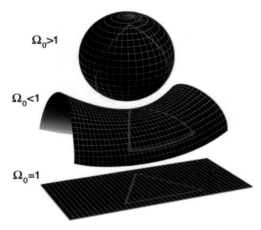

$\Omega_0 > 1$

$\Omega_0 < 1$

$\Omega_0 = 1$

우주의 구조는 그 안의 물질과 임계밀도의 관계에 따라 결정된다. (출처/NASA/WMAP)

는 무한 우주를 만들어갈 것이다. 이것을 열린 우주라 한다.

또 다른 가능성으로는, 만약 우주의 물질이 임계밀도 ($1m^3$당 수소 원자 10개)와 균형을 이룬다면, 우주는 평탄한 상태를 유지하며 영원히 팽창할 것이다.

우주공간에서 과연 빛은 직진하는가? 이에 대해 과학자들은 138억 년 동안 우주를 여행한 가장 오래된 빛인 우주배경복사를 면밀히 측정해본 결과 하나의 결론을 얻기에 이르렀는데, 우주는 거의 평탄하다는 것이다. 우주는 가속 팽창하지만, 기하학적으로는 편평한 우주다. 우주 전체의 물질-에너지 밀도가 임계밀도와 정확히 같다는 말이다.

그러나 우주에 존재하는 질량이 공간을 휘어지게 만들고, 그래서 우주 전체로 볼 때 우주는 그 자체로 완전히 휘어져 들어오는 닫힌 시스템이다. 따라서 우주는 유한하지만, 안팎이 따로 없으며, 경계나 끝도 없고, 가장자리나 중심도 따로 없는 구조를 하고 있다.

따라서 한 방향으로 똑바로 무한히 나아간다면 이윽고 출발한 지점으로 돌아오게 된다. 그러나 우주가 너무나 거대한 규모로 휘어져 있어, 한 930억 광년 거리를 달려야만 원래의 곳으로 되돌아올 수 있다고 한다. 우주의 나이

138억 년을 훨씬 넘어서는 시공간이다.

　게다가 이 순간에도 우주는 빛의 속도로 팽창하고 있다. 그러니 원래의 출발점으로 돌아온다는 것은 거의 불가능한 일일 것이다. 요컨대, 우주는 변하고 있다. 오늘 우리가 사는 우주는 내일의 우주가 아니다. 최근의 관측 결과는 2% 오차 범위 내에서 우주는 편평한 것으로 나타났다. 우리는 다소 지루하겠지만 당분간 팽창하는 우주를 하염없이 바라다볼 운명인 셈이다. 하지만 크게 걱정할 일은 아니다. 앞으로 수백조 년 뒤의 일이니까.

다중우주… 우리 우주 너머 다른 우주가 있을까?

모든 우주를 아우르는 '초우주'

우리 우주는 우리의 모든 상상을 초월할 정도로 광대하다. 수조 개의 은하는 각각 수천억 개의 별을 포함하며, 온 우주의 별 수는 지구상의 모래알보다 약 10배나 많다. 현재까지 밝혀진 우주의 크기는 약 930억 광년에 이르는데, 인간의 척도로 볼 때 이는 거의 무한대라 할 수 있는 크기다.

그런데 이처럼 광대한 우리 우주 외에도 다른 우주들이 존재한다고 주장하는 사람들이 있다. 그런 우주를 다중우주라 하며, 그런 주장을 다중우주 해석이라 한다. 그들은 주장에 따르면, 다른 우주가 존재하지만 우리 우주와는 아무런 인과관계가 없으며, 관측이나 소통도 전혀 불가능하다고 한다. 여기서 말하는 다중우주는 일반적으로 여러 개의 우주가 있다는 이론이고, 평행우주는 동일한 차원의 우주만을 의미한다.

얼핏 생각하면 참 황당한 소리로 들리기도 하는데, 우리 우주와 그런 우주들을 통틀어 일컫는 용어조차 아직 제대로 없다. "우리 우주에는 다른 우주들도 있다"는 말 자체가 모순이니까, 일단 모든 우주를 아우르는 말로 '초우주'라 하기로 하자.

다중우주의 모태는 '인플레이션'

약 138억 년 전, 무한대의 밀도를 거진 특이점이 폭발함으로써 우주가 탄생했다고 빅뱅 이론은 주장한다. 이 빅뱅 이론에 따르면 1초의 아주 짧은 시간 동안 모든 방향에서 빛의 속도보다 빠르게 우주가 팽창했다. 10^{-32}초가 지나기 전에 우주는 원래 크기의 10^{26}배까지 팽창했는데, 이를 인플레이션 우주론 또는 급팽창 이론이라 한다. 1980년 미국의 이론물리학자 앨런 구스가 최초로 제창했다.

빅뱅에서 갓 태어난 우주는 급격한 인플레이션을 겪으면서 엄청난 규모로 팽창되어 현재는 거의 평탄한 우주가 되었다. 다중우주론은 이 앨런 구스의 인플레이션 이론을 바탕으로 한다. 인플레이션 과정에서 우주 안팎에 각각 다른 물리법칙들이 지배하는 새끼 우주들이 계속 생겨났다는 것이다. 그래서 아들 우주, 손자 우주라고 불린다. 인플레이션이 다중우주의 모태인 셈이다. 한편, 다중우주들은 서로 웜홀로 이어져 있다는 주장도 있다.

다중우주론자들은 우리 우주는 초우주의 일원일 뿐이며, 초우주를 구성하는 다른 우주들은 우리 우주에서 파생되어 나왔다고 보는 게 다중우주 해석이다. 이처럼 불가사의한 인플레이션과 빅뱅의 과정은 몇몇 연구자들에게 다중우주가 가능하다는 확신을 심어주었다.

다중우주론자들은 우주의 지평선 너머에 우리 우주와는 또 다른 우주가 밤하늘 별처럼 셀 수 없을 정도로 존재한다는 가설을 내놓고 있다. 그들은 우리 우주도 하나의 거품 형태로 존재한다고 보며, 그런 거품이 수도 없이 많다는 것이다. 그리고 각각의 우주는 따로 분리되어 있기는 하지만 물리법칙은 엇비슷하다고 가정한다. 우리 우주는 터무니없이 다양한 속성을 갖고 있는 엄청나게 많은 우주 중의 하나에 불과하며, 우리가 살고 있는 특정 우주의 가장 기본적인 속성 중 일부는 그저 우주의 주사위를 무작위로 내던져서 나온 우연의 결과일 뿐이라는 것이 다중우주론의 핵심 개념이다.

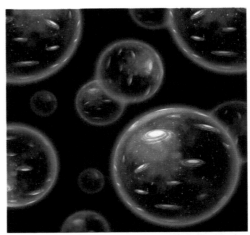

우리는 수많은 거품우주 중 하나에 살고 있는 것일까? (출처/ Juergen Faelchle/Shutterstock)

최초로 다중우주 해석을 들고 나온 사람은 1957년 프리스턴 수학과 학생이었던 에버렛 휴였다. 그는 존 휠러를 지도교수로 하여 박사논문 주제로 이 해석을 다루었고, 그의 논문은 〈현대 물리학 리뷰〉에 '양자역학의 상대 상태 공식화'란 제목으로 게재되었다. 그러나 반응은 신통찮았다.

휴의 다중우주 해석에 따르면, 슈뢰딩거의 고양이는 코펜하겐 해석처럼 삶과 죽음(파동함수)이 중첩된 상태가 아니며, 상자의 뚜껑을 여는 순간 우주는 두 갈래로 갈라지고, 죽은 고양이와 산 고양이가 서로 다른 우주에 동시에 존재한다는 것이다. 두 상태 사이에 가중치를 둘 수는 없다고 주장한다. 따라서 일어날 가능성이 조금이라도 있는 사건(양자역학적 확률이 0이 아닌 사건)은 분리된 세계에서는 하나도 빠짐없이 '실현'된다고 본다. 곧, 그 사건이 발생하는 다른 우주가 반드시 존재한다는 것이다.

다세계 해석은 확률적으로 가능한 모든 세계를 인정한다. 따라서 이 논리에 따르면 자연스럽게 다중우주를 긍정할 수 있고, 그 가운데에서도 평행우주의 개념 또한 포함된다. 다세계 해석에 따르면, 다세계의 모든 존재들은 오직 자신이 속한 세계만을 인식한다. 그렇다면 결국 다세계 해석이 옳은 것이라 하더라도 그 존재를 실제로 확인하는 것은 원리적으로 불가능하다.

휴의 다세계 해석은 양자역학의 연구가 활발히 이루어지고 있을 무렵, 급팽창 이론과 끈 이론 등 여러 과학적 이론에 접목되어 큰 영향을 미쳤다. 나중에 대중적으로도 널리 알려지게 되었고, 물리학과 철학의 수많은 다세계 가설 중 하나로, 현재는 코펜하겐 해석과 함께 양자역학의 주류 해석들 가운데 하나로 자리잡고 있다.

'영구적 인플레이션 과정에 다중우주가 형성된다'

미국 매사추세츠 주 터프츠 대학의 이론물리학자 알렉산더 빌렌킨은 1981년 앨런 구스의 인플레이션 이론을 기반으로 하여 1982년 우주는 '무'에서 탄생했다는 이론을 발표했는데, 그에 따르면 인플레이션은 동시에 모든 곳에서 끝나지 않았다. 138억 년 전 지구에서 감지할 수 있는 모든 것이 끝났지만, 실제로 다른 곳에서는 우주 인플레이션이 계속되고 있다는 것이다. 지금 이 순간에도 우주는 빅뱅 이후에 시작된 인플레이션이 영구적으로 진행되는 과정에 있다고 본다. 이것을 영구적 인플레이션(Eternal Inflation)이라 한다. 빌렌킨은 이 인플레이션이 특정 장소에서 끝나면 새로운 거품우주가 형성된다고 주장한다.

다중우주 해석에 따르면, 시간과 공간 속의 어떤 지점에서 자발적으로 붕괴되는 우주를 구상하고, 붕괴가 있을 때마다 팽창이 일어나는 것으로 가정한다. 이때의 팽창 효과는 크지 않지만, 충분히 긴 시간 동안 꾸준히 지속되면 급팽창한 것과 같은 효과를 낳는다. 따라서 팽창이 영원 지속적이면 대폭발이 수시로 일어나면서 여러 개의 우주가 탄생하게 되고, 다중우주로 나아간다는 것이다.

하나의 우주는 영원하지 않지만, 다중우주의 원리가 계속 적용되어 일부는 우주 밀도 값이 너무 커서 소멸되거나, 혹은 너무 작아 계속 팽창하는 우주도 있다. 하지만 우리 우주는 밀도 값이 거의 1로 평탄한 상태이기 때문에 존재하고 있다는 것이다.

자연의 상수가 미세조정된 이유

빌렌킨에 따르면, 거품 우주는 계속해서 무한히 팽창하기 때문에 서로 접촉할 수 없다. 우리가 거품의 가장자리로 출발하여 다음 거품 우주와 맞붙을 수 있다면, 가장자리가 빛의 속도보다 빠르고 우리보다 더 빠르기 때문에 결코 도달하지 못한다. 또한 우리가 다음 거품에 도달할 수 있다 하더라도 영구적 인플레이션에 따르면, 물리적 상수와 거주 가능한 조건을 가진 우리 우주는 이웃에 있는 가상의 거품 우주와 완전히 다를 수 있다.

빌렌킨은 또 "우주 또는 다중우주라고 불리는 이 그림은 자연의 상수가 생명체의 출현을 위해 미세조정된 것처럼 보이는 이유에 대한 오랜 미스터리를 설명한다"고 말한다. "그 이유는 지능적인 관찰자가 순수한 우연에 의해 생명체가 진화하기에 적절한 상수가 발생하는 드문 거품에만 존재하기 때문"이라고 설명하면서 "우리 외부의 무한한 거품 우주 중 일부에 다른 지적인 관찰자가 있을 수 있지만, 어떤 우주 시간대에서도 우리는 그들에게서 더 멀어지며 결코 교차하지 않을 것"이라고 덧붙인다.

　그 동안 이처럼 다양한 모습으로 가지를 쳐간 다중우주론은 그 다양한 주장만큼이나 수많은 논란을 불러일으켰으며, 아직까지 순전한 가설의 영역에서 벗어나지 못하고 있다. 이것을 부정적인 시각으로 보는 사람들은, 우리 우주에 어떤 영향도 주지 않고, 어떠한 소통과 관측도 불가능한 이상, '관측할 수 없는 것이 존재하고 있다'는 것은 논리상 합당하지 않다고 주장한다.

　지금도 다중우주론자들이 다른 우주의 존재 증명을 위해 우주배경복사에서 우주 충돌의 단서를 열심히 찾고 있는 중이지만, 아직까지 증명에 성공했다는 소식은 들려오지 않고 있다. 하지만 칼 세이건의 말마따나 '증거의 부재가 곧 존재의 부재는 아니기' 때문에, 다중우주론이 신의 존재 증명처럼 영원히 증명할 수 없는 가설로 끝날지, 아니면 어떤 단서가 밝혀질지 현재로선 아무도 장담할 수 없다.

시간은 왜 미래로만 흐를까?

시간은 앞으로만 흐른다. 왜냐하면 무질서도를 나타내는 '엔트로피(entropy)'는 비가역적으로 증가하는 방향으로만 움직이기 때문이다. 증가한 엔트로피를 되돌릴 수 있는 방법은 없다. 이것을 정식화한 것이 바로 엔트로피 증가의 법칙으로, 열역학 제2법칙이라 한다. 열역학 제1법칙은 에너지 보존의 법칙으로, 우주에 존재하는 에너지 총량은 일정하며 절대 변하지 않는다는 것이다. 독립된 한계에서도 마찬가지다.

이로써 보면 엔트로피는 열(heat)에 관련된 법칙임을 알 수 있다. 그런데 이 열이 가진 가장 중요하고도 흥미로운 특성은 언제나 높은 온도에서 낮은 온도 쪽으로만 흐른다는 것이다. 저절로 그 반대쪽으로 흐르는 일은 결코 없다. 이 비가역성이 바로 시간이 뒤로 흐를 수 없고, 우주가 종말을 맞을 수밖에 없는 이유다. 우주에서 열만이 과거와 현재, 미래를 구분해주는 유일한 잣대다.

이 법칙은 실제로는 통계적인 것으로, 통계역학에서는 어떤 체계를 구성하는 원자의 무질서한 정도를 결정하는 양으로서 주어진다. 엔트로피는 물질계의 열적 상태로부터 정해진 양으로서, 통계역학의 입장에서 보면 열역학적인 확률을 나타내는 양이다. 다시 말하면, 엔트로피 증가의 원리는 분자운동이 낮은 확률의 질서 있는 상태로부터 높은 확률의 무질서한 상태로 이동해가는 자연현상이라는 것이다.

자연은 늘 확률이 높은 쪽으로 움직인다. 예를 들면, 마찰에 의해 열이 발생하는 것은 역학적 운동(분자의 질서 있는 운동)이 열운동(무질서한 분자운동)으로 변하는

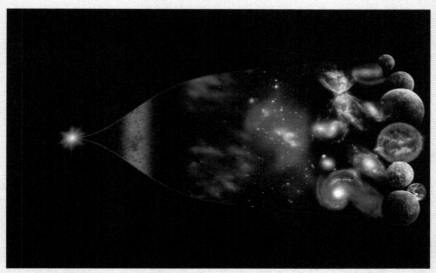

시간의 화살 (출처/ISSYP)

과정이다. 그 반대의 과정은 무질서에서 질서로 옮겨가는 과정이며, 이것은 결코 자발적으로 일어나지 않는다. 시간의 화살이 왜 앞으로만 흐르냐는 오랜 질문에 대한 답은 바로 엔트로피의 법칙이 말해주고 있다. 열역학 제2법칙은 그래서 모든 자연의 자발적 방향성을 나타내는 자연계 최고의 법칙이라 할 수 있다.

외계인이 저 너머에 있다, UFO는?

우리은하에만도 슈퍼 지구가 3억 개

애리조나 대학의 유명한 천문학자 크리스 임페이 교수가 2020년 12월 우주 관련 잡지 〈스페이스닷컴(Space.com)〉에 외계인 관련 칼럼을 발표했다. 약간의 가공을 거쳐 여기 소개한다.

만약 지적 외계인이 지구를 방문한다면 인류 역사상 가장 심대한 사건의 하나로 기록될 것이다. 여론조사에 의하면, 미국인의 거의 절반이 외계인이 과거나 근래에 지구를 방문한 것으로 믿고 있다고 한다. 그리고 그 비율은 갈수록 높아지고 있는 추세다. 외계인의 지구 방문을 믿는 쪽이 빅 푸트가 있다고 믿는 것보다 더 강한 것으로 나타났다. 빅 푸트는 북미 로키 산맥에 산다고 전해지는 키가 2.5m나 된 설남(雪男)으로 원숭이처럼 온몸에 털이 있고 인간처럼 직립보행한다고 하지만 확인된 바는 없다.

일반적으로 과학자들은 이러한 믿음이 실제 과학적인 근거를 갖지 못한 것으로 보고 일축한다. 하지만 그들은 지적 외계인의 존재를 부정하지 않는다. 대신 그들은 다른 항성계의 지성체들이 우리를 방문했다는 증거에 높은 기준을 설정했다. 칼 세이건이 일찍이 언명했듯이 "특별한 주장에는 특별한 증거가 필요"하기 때문이다.

필자는 우주의 외계 생명체 탐색에 관해 많은 책을 썼을 뿐만 아니라 온라인으로 우주 생물학을 강의하는 천문학자이지만, 내가 직접 UFO(unidentified flying object)를 본 적은 없다.

UFO, 과연 그 정체는 무엇인가? UFO는 글자 그대로 '미확인 비행체'라는 뜻으로, 그 이상도 이하도 아니다. UFO 목격은 오랜 역사를 가지고 있다. UFO에 대한 미 공군의 연구는 1940년대부터 계속되고 있다. 1947년 미국 뉴멕시코 주 로스웰에서 UFO에 관련된 '그라운드 제로'가 발생했다. 로스웰 사건은 군용 고고도 감시용 풍선의 추락을 많은 사람들이 목격함으로써 빚어진 것인데, 미군은 지금까지 일관되게 로스웰 사건이 외계인 관련 사건이 아니며, 군에서 운용하던 감시용 기구가 추락한 사건이라고 확인해주고 있다. 그러나 로스웰 사건은 아직도 현재 진행형이다.

모든 정황으로 미루어볼 때 로스웰 사건 역시 흔한 음모론 중 하나일 뿐이며, 이 가짜 뉴스가 끈질기게 확대 재생산되는 이면에는 책 판매와 관광 수입을 노리는 일부의 비즈니스가 작동하고 있다는 게 전문가들이 대체적인 시각이다.

대부분의 UFO는 미국 사람들 앞에 나타나는 현상이다. 아시아와 아프리카는 인구가 많음에도 불구하고 UFO 목격자가 거의 없다는 것이 흥미로운 점이며, 또 희한하게도 캐나다와 멕시코 국경에서 딱 멈춘다는 게 놀라운 일이다. UFO 목격은 대체로 평범한 천문적인 현상으로 설명된다. 절반 이상이 유성이나 화구(火球, 큰 불덩어리 운석)이거나, 워낙 밝은 금성 때문에 일어나는 소동이다. 이러한 밝은 '천체'는 천문학자에게 친숙하지만 일반인의 의식에는 익숙하지 않기 때문이다.

UFO를 봤다고 주장하는 사람들은 대개 개와 산책하거나 담배를 피우는 사람들이다. (출처/shutterstock)

UFO의 목격 보고는 약 6년 전에 정점에 도달했다. UFO를 본 적이 있다고 말하는 많은 사람들은 개를 데리고 산책하거나 담배 피우는 사람들이다. 왜 그럴까? 그들이 가장 많이 바깥에 있기 때문이다. 술이 거나해서 휴식을 취하는 저녁 시간, 특히 금요일에 UFO 목격이 급증한다.

전 나사 직원 제임스 오버그 같은 사람들은 수십 년에 걸친 UFO 목격담을 끈질기게 추적해 진상을 파헤쳤다. 그러나 어떤 과학적 증거도 발견할 수 없었다. 그래서 대부분의 천문학자들은 외계인 방문에 대한 가설을 믿을 수 없는 것으로 치부하고, 지구 너머 외계 생명체에 대한 과학적 탐구에 에너지를 집중하고 있다.

'우리는 혼자인가?'

UFO가 인기 있는 대중문화로 자리잡는 동안 과학자들은 UFO가 제기한 큰 질문, 곧 우주에서 '우리는 혼자인가?'에 답하려 노력하고 있다.

지금까지 천문학자들은 다른 별을 공전하는 4,000개 이상의 외계행성을 찾아냈다. 이 수는 2년마다 두 배씩 증가하고 있다. 이들 외계행성 중 일부는 지구와 질량이 비슷하고 모성에서 적당한 거리에 있어 표면에 물이 있기 때문에 거주 가능한 것으로 간주된다. 이 거주 가능한 행성들 중 가장 가까운 행성은 우리 우주의 '뒤뜰'에서 20광년도 안 되는 거리에 있다.

이 같은 결과를 확대하면 우리은하에 거주 가능한 세계가 약 3억 개나 된다는 계산서가 나온다. 이 슈퍼 지구들은 생명체가 발현하고 지성체와 문명이 출현하는 데 충분한 시간인 수십억 년 전에 형성된 것들이다.

천문학자들은 지구 너머의 생명체가 있다고 확신한다. "우주는 분명 생물학적 성분이 넘치고 있다"고 천문학자이자 외계행성 일급 사냥꾼인 제프 마시는 단언한다.

생명체에 적합한 조건을 가진 지구에서 별에서 별로 호핑하는 지적 외계인에 이르기까지 많은 단계가 있지만, 천문학자들은 드레이크 방정식을 사용하여 우리은하의 외계 문명 수를 추정한다. 비록 드레이크 방정식에는 많은 불확실성이 있지만, 최근 외계행성 발견에 비추어 해석하면 우리가 유일한 또는 최초의 진보된 문명일 가능성이 거의 없는 것으로 과학자들은 보고 있다.

이 같은 자신감은 지금까지 성공하지 못한 지적 생명체에 대한 탐색을 더욱 촉진했으며, 연구자들은 다시 질문을 던졌다. "우리는 혼자인가?" "그들은 어디에 있는가?" 지적 외계인에 대한 증거의 부재를 페르미 패러독스라고 한다. 지적인 외계인이 존재하더라도 우리가 그들을 찾지 못하거나 그들이 우리를 찾지 못할 여러 가지 이유가 있다. 우주의 시간이 너무나 장구하며, 그 공간이 너무나 광대하기 때문이다. 그러나 과학자들은 외계인의 존재를 부정하지는 않는다. 다만 그들은 보다 확실한 과학적인 증거를 요구하고 있는 것이다.

UFO는 현대인의 신화이자 종교

외계인에 의한 납치와 외계인이 만든 미스터리 서클에 대한 설명을 포함하여 지금까지의 UFO는 음모론의 일종에 지나지 않는다. 우수한 기술을 가진 지적인 존재가 지구 밭의 밀을 누르기 위해 수조 마일을 여행할 것이라고 당신은 믿을 수 있는가?

UFO는 하나의 문화적 현상으로 간주하는 것이 적절하리라 본다. 노스캐롤라이나 대학의 다이애나 파술카 교수는, 신화와 종교는 인간이 상상할 수 없는 경험을 다루는 수단이라고 지적한다. 이런 시각에서 볼 때 UFO는 일종의 새로운 미국 종교라고 본다.

젊은 성인을 대상으로 한 연구에 따르면, UFO의 신념은 조현형 성격, 사회적 불안, 편집증적인 생각 및 일시적인 정신병에 대한 경향과 관련이 있음이 밝혀졌다. 만약 당신이 UFO를 믿는다면, 자신이 어떤 편집적 신념을 갖고 있지 않은지 살펴볼 필요가 있다.

마지막으로 칼 세이건의 유명한 격언을 내려놓는다. "열린 마음을 유지하는 것은 가치 있는 일이지만, 너무 많이 마음을 열면 머리가 빠진다."

천체물리학의 '빅 미스터리 5'

1900년, 영국의 물리학자 켈빈 경은 물리학의 미래에 대해 이렇게 선언했다. "앞으로 물리학에서 더 발견될 새로운 것은 없으며, 남아 있는 것이라고는 더 정확한 측정일 뿐이다."

그러나 이 예측은 몇 년도 가지 않아서 보기 좋게 깨졌다. 1905년, 스위스 특허청 직원인 26살의 새파란 젊은이 앨버트 아인슈타인이 광속도 불변의 법칙을 내세운 특수 상대성 이론을 발표해, 시간과 공간에 대한 기존의 개념을 혁명적으로 바꿔버린 것이다. 에너지와 질량이 등가임을 보이는 유명한 방정식 $E=mc^2$이라는 공식도 여기서 나왔으며, 그 위력은 40년 뒤 일본의 히로시마에서 입증되었다.

그뿐만이 아니었다. 1916년에는 물체의 질량이 시공간을 휘게 만든다는 일반 상대성 이론이 역시 아인슈타인에 의해 발표되었으며, 곧이어 양자역학이 나타나 물리학 지형을 대대적으로 개편하기에 이른 것이다.

과연 물리학의 끝은 어디일까? 이것은 우주의 신비가 남김없이 다 풀릴 수 있을 것인가라는 질문과 등가이다. 오늘날 어떤 물리학자도 인류의 지식이 완성에 가깝다고 주장하지 않는다. 우주란 하나의 신비가 풀리면 열 개의 다른 신비가 튀어나오는 프랙탈 같은 속성을 가지고 있기 때문이다.

그럼에도 불구하고 현존하는 천체물리학의 빅 미스터리 5개를 뽑아, 그

천문학자들은 우주의 팽창이 중력과 암흑 에너지와의 줄다리기 때문이라고 생각한다. 이 그림에서 보라색 격자는 암흑 에너지, 초록색 격자는 중력을 나타낸다. (출처/NASA/JPL−Caltech)

내용과 전도를 조망해보기로 하자. 이들 중에는 언젠가 풀릴 미스터리도 있겠지만, 영원히 풀 수 없는 심오한 것들도 있을 것이다. 비록 그 해답은 모르더라도, 우리가 무엇을 모르고 있는지 알아보는 것도 충분히 가치 있는 일이라고 생각한다.

1. 암흑 에너지란 무엇인가?

천체물리학자들이 아무리 숫자를 이리저리 꿰어맞추더라도 그 계산서는 우주를 제대로 설명하지 못하고 있다. 무엇보다 우주가 담고 있는 물질의 질량이 가진 중력은 우주의 '천'이랄 수 있는 시공간을 안쪽으로 잡아당기고 있다고 보아야 한다. 그렇다면 우주는 마땅히 쪼그라들어야 함에도 불구하고 현실은 그 반대이다. 더욱 빠른 속도로 팽창을 거듭하고 있는 것이다. 그렇다면 무엇이 우주를 이처럼 팽창시키고 있는 걸까? 도대체 어떤 힘이 우주를 잡아 늘이고 있다는 말인가?

물리학자들이 내놓은 답은 중력에 반하는 척력이 시공간을 밀어내어 우주를 팽창시키고 있으며, 그들은 그 정체 모를 힘에 '암흑 에너지'라는 이름을 붙여주었다.

1998년, 1a형 초신성을 이용하여 우주의 팽창 속도 변화를 연구하던 관측 결과에 의하면 우주의 팽창 속도는 느려지는 것이 아니라 빨라지고 있음이 밝혀졌다. 그들이 얻은 결과에 의하면, 오늘날 우주는 70억 년 전 우주에 비해 15%나 빨라진 속도로 팽창하고 있다. 이 놀라운 사실을 알아낸 과학자들에게는 2011년 노벨 물리학상이 주어졌다.

가장 널리 받아들여지는 암흑 에너지의 모델은 공간 자체가 갖고 있는 어떤 고유의 힘으로 파악된다. 따라서 우주가 팽창하면 그만큼 더 많은 암흑 에너지가 생기는데, 놀랍게도 우주의 총 에너지-물질의 양 중 74%나 차지하고 있는 것으로 밝혀졌다. 이 암흑 에너지로 인해 우리는 우주공간이 말 그대로 텅 빈 공간만은 아니며, 입자와 반입자가 끊임없이 생겨나고 스러지는 역동적인 공간으로, 이것이야말로 우주공간의 본원적 성질임을 어렴풋이 인식하게 된 것이다.

2. 암흑물질이란 무엇인가?

1933년 우주론 역사상 가장 기이한 내용을 담고 있는 주장이 발표되었다. 내용인즉슨, "정체불명의 물질이 우주의 대부분을 구성하고 있다!"는 것으로, 우주 안에는 우리 눈에 보이는 물질보다 몇 배나 더 많은 암흑물질이 존재한다는 주장이었다. 암흑물질의 존재를 인류에게 최초로 고한 사람은 스위스 출신 물리학자인 칼텍 교수 프리츠 츠비키(1898~1974)였다.

츠비키는 머리털자리 은하단에 있는 은하들의 운동을 관측하던 중, 그 은하들이 뉴턴의 중력법칙에 따르지 않고 예상보다 매우 빠른 속도로 움직이고 있다는 놀라운 사실을 발견했다. 그는 은하단 중심 둘레를 공전하는 은하들의 속도가 너무 빨라, 눈에 보이는 머리털 은하단 질량의 중력만으로는 이 은하들의 운동을 붙잡아둘 수 없다고 생각했다. 이런 속도라면 은하들은 대거 튕겨나가고 은하단은 해체돼야 했다.

여기서 츠비키는 하나의 결론에 도달했다. 개별 은하들의 빠른 운동속도에도 불구하고 머리털자리 은하단이 해체되지 않고 현상태를 유지한다는 것은 우리 눈에 보이지 않는 암흑물질이 이 은하단을 가득 채우고 있음이 틀림없다는 것이다. 머리털자리 은하단이 현상태를 유지하려면 암흑물질의 양이 보이는 물질량보다 7배나 많아야 한다는 계산도 나왔다. 그러나 이 같은 주장은 워낙 파격적이라 학계에서 간단히 무시되었다. 그로부터 80여 년이 지난 현재, 전세는 대반전되었다. 암흑물질이 우리 우주의 운명을 결정할 거라는 데 반기를 드는 학자들은 거의 사라졌다.

문제는 암흑물질이 과연 무엇으로 이루어져 있는가 하는 점이다. 이것만 안다면 다음 노벨상은 예약해놓은 것이나 마찬가지다. 그래서 많은 학자들이 그 정체 규명에 투신하고 있지만 아직까지는 뚜렷한 단서를 못 잡고 있다. 암흑물질이 빛은 물론 어떤 물질과도 거의 상호작용을 하지 않는 만큼 단서를 잡아내기가 쉽지 않기 때문이다.

현재 우주배경복사와 암흑물질 연구에서 선구적 역할을 하는 것은 윌킨슨

허블 우주망원경이 잡은 은하단 CI 0024+17 속의 유령 같은 암흑물질 '고리' 이미지 (출처/NASA)

초단파 비등방 탐사선(WMAP)이다. 이 위성은 2002년부터 몇 차례에 걸쳐 매우 정밀한 우주배경복사 지도를 작성했다. 우주는 이 가시물질 4%와 암흑물질 22%, 그리고 암흑 에너지 74%라는 비율로 이루어져 있어, 우주의 대부분은 눈에 보이지 않는 미지의 물질로 채워져 있음이 윌킨슨 탐사선에 의해 밝혀졌다.

암흑물질은 우주의 생성 과정과도 밀접하게 연관되어 있다. 우리가 관측적으로 얻어낸 우주의 은하 분포는 암흑물질이 없이는 가능하지 않다는 것이 현대 우주론의 결론이다. 은하를 만드는 과정에서 암흑물질이 중력으로 거대구조를 미리 만들지 않았다면 현재와 같은 은하의 분포를 보일 수 없다는 것이다. 앞으로 우주의 운명은 팽창-수축 여부를 결정할 암흑물질과 암흑 에너지에 의해 결정될 거라는 게 과학자들의 생각이다. 두 '암흑'이 현대 천문학 최대의 화두이다.

3. 블랙홀 안에서는 무슨 일이 일어날까?

블랙홀에 빨려들어가면 그 정보는 어떻게 될까? 현재 이론에 따르면, 쇳덩어리를 블랙홀 안에 떨어뜨리면 그 정보를 검색할 방법이 없다. 블랙홀은 중력이 너무 강해 탈출속도가 광속보다도 빠르기 때문이다. 우주에서 빛보다 빠른 것은 없다. 빛이 탈출할 수 없기 때문에 그 안에서 무슨 일이 일어났는지, 어떤 정보도 외부로 빠져나올 수가 없다.

그러나 양자역학에 의하면 양자 정보는 파괴될 수 없다고 한다. "어떤 방법으로든 이 정보를 파괴하면 무언가가 엉망이 되고 만다"라고 시카고 로욜라대학의 로버트 맥니스 물리학 부교수가 말했다.

양자 정보는 우리가 컴퓨터에 1과 0으로 저장한 정보나 우리 두뇌에 있는 정보와는 조금 다르다. 왜냐하면, 양자 이론은 역학 분야에서 야구공의 궤적을 계산하는 것과 같이 대상이 어디에 있는지에 대한 정확한 정보를 제공하지 않으며, 관측 대상의 위치나 속도를 확률로만 보여주기 때문이다. 결과적으로 관측 대상의 다양한 위치 확률을 모두 더하면 1이 되며, 결코 100%를 넘을 수 없다. 양자역학에서는 시스템이 어떻게 종료되는지 알면 시스템의 시작 방법을 계산할 수 있다.

블랙홀에는 질량과 전하, 각운동량 외에는 아무 정보도 얻을 수 없다. 그래서 흔히들 블랙홀에는 세 가닥의 털밖에 없다고 말한다. 호킹의 주장에 따르면, 양자 요동 효과 때문에 블랙홀이 빛을 방출하는데, 이를 '블랙홀 증발'이라 하고, 이때 빠져나오는 빛을 '호킹 복사(Hawking radiation)'라 한다. 이 호킹 복사를 제외하고 블랙홀에서 나오는 것은 없다. 따라서 블랙홀이 실제로 뭘 먹었는지를 알아내기 위해 그 역계산을 할 방법이 없다. 정보가 파괴되었기 때문이다. 그러나 양자 이론은 정보가 완전히 사라진 것은 아니라고 말한다. 거기에 '정보의 역설(information paradox)'이 있는 것이다.

맥니스 부교수는 특히 스티븐 호킹과 스티븐 페리가 2015년 블랙홀이 정보를 깊이 저장하는 것이 아니라 사건의 지평선에 남겨둘 수도 있다는 제안을 했다. 많은 사람들이 역설을 풀려고 시도해왔지만, 지금까지 물리학자들이 동의할 수 있는 이론은 나타나지 않고 있다.

4. 중력이란 대체 무엇인가?

힘은 입자에 의해 전달된다. 예를 들어, 전자기력은 광자의 교환이다. 약한 핵력은 W 및 Z보손에 의해 전달되고, 원자핵을 묶는 강력한 핵력은 글루온이 전달한다. 맥니스는 다른 모든 힘은 양자화될 수 있으며, 이는 개별 입자로 표현될 수 있고 비연속적인 값을 가질 수 있음을 의미한다고 말한다.

그러나 중력은 그런 것처럼 보이지 않는다. 대부분의 물리 이론은, 중력은 중력자(graviton)라 불리는 질량이 없는 입자에 의해 운반된다고 말한다. 그런데 문제는 그 중력자가 아직 발견되지 않았다는 점이다. 그리고 중력자가 물질과 매우 드물게 상호작용하기 때문에, 그것을 검출할 수 있는 입자 검출기를 만들 수 있을 것인가도 불분명하다.

중력자가 질량이 없다는 사실조차도 불분명하다. 만약 질량이 있다 하더라도 극도로 작을 것이다. 아마도 지금까지 알려진 가장 가벼운 입자 중 하나인 중성미자보다 작을 것으로 추정된다. 끈 이론은 중력자가 에너지의 닫힌 루프라고 제안하지만, 그 같은 수학적 연구는 지금까지 그다지 많은 통찰력을 보여주진 못했다.

힘을 전달하는 매개자로서 중력자가 아직 관찰되지 않았기 때문에, 중력을 다른 힘처럼 이해하려는 시도는 잘 먹혀들지 않고 있다. 테오도르 칼루자와 오스카 클라인 같은 몇몇 물리학자들은 중력이란 우리에게 익숙한 3차원 공간에 1차원 시간을 더한 4차원 시공간 너머에 있는 여분의 차원에서 일어나는 입자의 작동이라는 가설을 내놓았지만, 입증된 바는 없다.

5. 끈 이론은 정말 맞을까?

물리학자들이 모든 기본 입자가 실제로는 각각 다른 주파수로 진동하는 1차원 루프 또는 '끈'이라고 가정하면 물리학이 훨씬 쉽게 된다고 믿고 있다.

끈 이론은 물리학자들이 입자를 지배하는 양자역학을 시공간을 지배하는 법칙인 일반 상대성 이론과 조화시키고 자연의 4가지 근본적인 힘을 하나의 틀로 통합시킬 수 있게 한다. 그러나 문제는 끈 이론이 10 또는 11차원의 우주에서만 작동할 수 있다는 점이다. 즉, 3개의 큰 차원과 6~7개의 작은 차원, 그리고 시간 1차원을 더한 것이다.

압축된 공간 치수와 진동하는 끈 스트링은 원자핵 크기의 1조분×10억분의 1의 크기에 해당한다. 이처럼 극미한 것을 탐지할 수 있는 방법은 없다. 따라서 끈 이론을 실험적으로 검증하거나 무효화시킬 방법은 없는 셈이다.

'아무도 없는 숲에서 쓰러지는 나무는 소리가 나지 않는다'

양자론, 우주의 궁극적인 철학인가?

아인슈타인 이후 20세기 최고의 천재 물리학자로 평가되는 미국의 리처드 파인만은 1965년 양자전기역학 이론으로 노벨 물리학상을 수상했지만 양자역학에 대해 다음과 같은 말을 남겼다.

"양자역학을 정말로 이해하는 사람은 단 한 명도 없다고 말할 수 있다."

이 선언은 곧, 인간의 지능으로는 양자의 세계를 완벽하게 이해할 수 없다는 고백에 다름 아닌 셈이다. 그렇다면 양자란 과연 무엇이며, 양자의 세계란 대체 어떤 곳일까?

양자(量子, Quantum)라는 말의 어원은 라틴어로 '단위'라는 뜻이다. 양자론에 따르면, 에너지와 물질들은 연속적인 양이 아니라 모두 띄엄띄엄한 최소 단위의 덩어리인 양자로 이루어져 있다.

빛 역시 양자의 묶음이며, 광자(光子)는 전자기장의 양자이다. 요컨대, 세계는 우리가 눈으로 보듯이 연속적인 것이 아니라 불연속적이라는 말이다.

고대 그리스인들이 신화를 버리고 우주에 대한 합리적인 이해를 추구한 이래로 가장 의미심장한 관점의 변화이자 20세기 과학의 위대한 발견으로 일컬어지고 있는 '양자 이론'은 실제 우리 생활과 무슨 관계가 있을까?

한마디로 말해 현대문명을 거의 떠받치고 있다 해도 과언이 아닌데, 먼저 현대사회를 지탱하고 있는 컴퓨터는 양자역학이 없이는 존재할 수 없는 것이다. 컴퓨터의 필수 부품인 반도체가 바로 양자역학의 산물이며, 스마트폰, 디지털카메라, 전자레인지, 원자력, MRI 장치 등이 모두 양자역학에서 나온 것들이다.

2014년 시점에서 선진국의 GDP 35%는 양자역학에 근거하는 기술을 이용해 만들어지고 있다고 한다. 이제 양자역학 없이는 더 이상 현대인의 삶은 성립되지 않는다고 말할 정도가 되었다.

이처럼 양자역학은 상대성 이론과 함께 현대 물리학의 기둥을 이루고 있을 뿐만 아니라 철학, 문학, 예술 등 여러 분야에 크나큰 영향을 미친 중요한 이론으로 꼽힌다.

세계는 '확률'로 이루어져 있다

원자를 구성하는 전자 같은 아원자(원자보다 더 작은 입자) 입자들은 한순간에 여기 있다가도 다음 순간에는 저기에서 발견되는 등 정해진 자리가 없다. 심지어 어떻게 움직이는지조차 알 수 없다. 우리가 알 수 있는 것은 어느 영역에서 전자가 발견될 확률뿐이다.

이 확률이란 전자의 위치나 이동 경로가 관찰하기 전까지 어느 한곳에 결정되어 있다는 뜻은 아니므로, 하나의 전자는 우주 어느 곳에나 존재할 가능성이 있고 우주 어느 곳으로나 이동할 수 있다는 것이다. 심지어 안드로메다 은하에서 나타날 확률도 0은 아니다.

이는 우리의 인식이 불완전한 것이어서 전자의 위치나 이동 경로를 정확하게 알 수 없다는 뜻이 아니라, 이 세계가 '확률'로 이루어져 있다는 새로운 20세기 과학 철학이다.

뉴턴은 자연을 하나의 거대한 기계, 즉 인과적이고 결정론적인 관계들에 따라 움직이는 거대한 기계와 같다고 생각했다. 뉴턴이 보기에 이 우주는 신의 완벽한 창조물로서 규칙적이고 조화로운 존재자이며, 따라서 자연법칙에 의해 언제나 정확하고 완벽하게 예측될 수 있는 것이다. 곧, 뉴턴 역학의 핵심은 자연에 존재하는 모든 것은 이미 결정되어 있다는 결정론을 견지한다.

그런데 20세기 초에 새로이 등장한 양자 이론은 이러한 믿음들을 근본부터 뒤흔들어놓았다. 양자론의 개척자 닐스 보어에 의하면, 전자의 '실재'가 무엇인가 묻는 자체는 의미가 없다고 말한다.

그 '실재'가 과연 무엇인지 물리학이 설명해주지 못하지만, 자연에 대한 우리의 견해만은 제공해준다고 믿는 보어는 하나의 원자가 두 곳에 동시에 존재할 수도 있으며, 결과가 원인보다 먼저 일어날 수도 있는 것이 양자의 세계라고 주장한다. 나아가 그는 "우주의 삼라만상이 우리가 그것을 관측했을 때 비로소 존재한다"면서 심지어 달까지도 그렇다고 주장했다.

그러나 1921년 노벨 물리학상을 안겨준 그 자신의 광양자(光量子) 가설을 통해, 빛이 실재하는 입자로 구성되어 있음을 증명하여 양자론에 주춧돌 하나를 놓았던 아인슈타인은 두 가지 이유를 들어 양자 이론 자체를 늘 못마땅하게 생각했다.

양자 이론에 따르면 우연 또는 확률, 곧 예측 불가능성이 이 우주를 지배하게 된다. 즉, 양자 이론은 비록 우리가 우주의 현재 상태를 완벽하게 알고 있다 하더라도, 미래의 상태가 무엇인가에 대해서는 오직 확률적 예측만이 가

양자론의 두 앙숙인 보어와 아인슈타인. 아인슈타인이 "신은 주사위 놀이를 하지 않는다"고 양자론에 반대하면 보어는 "신에게 이래라 저래라 하지 마세요" 하고 반박했다.

능하다고 주장한다. 이는 결정론적 사고에 대한 전면 부정이다. 또한 올바른 과학 이론이 라면 우주를 실재하는 그대로 완벽하게 그려낼 수 있어야 하는데, 양자 이론은 그러지 못하다는 것이다.

아인슈타인은 "그렇다면 저기 있는 달이 내가 보지 않는다면 없다는 것인가?" 하고 반박했다.

현재 상태를 우리가 정확히 알고 있다 하더라도 미래의 상태에 대해서는 오직 확률적인 예측만이 가능하다는 양자론의 비결정론적 주장에 대해, 아인슈타인은 "신은 주사위 놀이를 하지 않는다"는 말로 이에 강하게 반발했다. 하지만 보어는 "신에게 이래라 저래라 하지 마세요"라며 아인슈타인을 쏘아붙였다. 이 에피소드는 뒤에 더욱 발전해 스티븐 호킹은 숫제 "신은 주사위를 던졌을 뿐 아니라, 우리가 못 보는 곳에다 던졌다"고 말했다.

18세기 영국의 경험론 철학자 조지 버클리는 "존재하는 것은 지각된 것이다"라고 말했는데, 이는 곧 '지각되지 않으면 존재하지 않는다'는 뜻이다.

그는 또 다음과 같은 유명한 말을 남겼다. "아무도 없는 숲에서 나무가 쓰러지면 소리가 나는가?" 이 말 역시 '아무도 없는 숲에서 나무가 쓰러지면 소리가 나지 않는다'는 뜻이다. 이처럼 그는 우리가 지각하는 것만이 실체이며,

지각하지 못하는 것의 실체는 없다는 경험론을 주장했다.

보어는 이 버클리의 관점을 양자론에 적용해, "어떠한 사물도 관측되기 전에는 존재하지 않으며, 따라서 특성이란 것도 없다"고 주장하며, 이것이 양자론의 특성을 이해하는 지름길이라 주장했다.

이 같은 양자론자들의 주장에 대해 철학자들은 분개하면서 물리학자들이 사물에 대해 너무 단순한 생각을 가지고 있다고 비판하는 반면, 양자론자들은 철학자들이 물리적인 세계에 대해 너무나 무지하다는 생각을 갖고 있다고 반박한다.

보어에게 양자론을 배웠던 미국 물리학자 존 휠러는 심지어 "철학은 너무나 중요한 것이기 때문에 철학자들에게만 맡겨둬서는 안 된다는 생각이 든다"라고 말하기까지 했다. 그야말로 물리학자 대 철학자들의 진영 싸움으로 번진 셈이다.

'보지 않으면 없는 것이다'

50년대 초 프린스턴 고등연구소 시절, 아인슈타인은 가까운 젊은 후배 물리학자 에이브러햄 파이스에게 이렇게 물었다. "자네는 정말 자기가 달을 쳐다봤기 때문에 달이 거기 존재한다고 믿는가?"

아인슈타인은 후배에게 위안이 되는 답을 기대했겠지만, 이에 대한 대답은 오랜 시간 후 아인슈타인의 전기를 쓴 파이스의 글에 나와 있다.

"나는 아인슈타인이 왜 그토록 과거에 집착하는지 이해할 수 없었다. 그는 현대 물리학에 가장 큰 업적을 남긴 대가임에도 불구하고 19세기식 인과율을 끝까지 고집했다."

"아무도 없는 숲에서 나무가 쓰러지면 소리가 나는가?"(출처/Frits Ahlefeldt)

우주를 지배하는 것은 결정론이 아니라 우연이며 확률인 것이다. 우리를 포함한 세계는 결국 모두 원자로 이루어져 있는 게 아닌가.

"관측하지 않으면 없는 것이다"는 양자론의 교의는 어떤 면에서는 불교의 일체유심조(一切唯心造)를 떠올리게 한다. '모든 것은 우리 마음이 지어내는 것'에 다름 아니라는 이 말은 '보지 않으면 존재하지 않는 것이다'는 양자론과 일맥상통한다. 세상은 우리가 끊임없이 해석해야 할 대상이며, 우리의 생각과 의도, 삶의 방식과 기준에 따라 다르게 존재하는 만큼 양자론자는 "당신이 우주를 보지 않는다면 우주는 없는 것이다"고 말한다.

그리고 자신이 불행하다고 느끼는 사람에게는 이렇게 말한다.

"당신이 불행한 것은 불행에 초점을 맞추고 보기 때문이다. 당신의 행복에 초점을 맞춰 관측하라. 그러면 당신은 행복해질 것이다. 아무도 없는 숲속에서는 나무가 쓰러져도 소리가 나지 않으니까."

임종을 앞둔 천문학자가 마지막 남긴 시

별에 관한 동서고금의 명시들이 다섯 수레를 넘칠 만큼 많지만, 그중에서도 가장 유명한 시를 꼽는다면 영국의 사라 윌리엄스가 쓴 '한 늙은 천문학자가 그의 제자에게(The Old Astronomer to His Pupil)'가 아닐까 싶다.

물론 우리나라 시 중에도 주옥 같은 '별' 관련 시들이 수두룩하다. 가장 먼저 윤동주의 '별 헤는 밤'이 떠오르고, 이어서 널리 회자되는 시구 '어디서 무엇이 되어 다시 만나랴'로 유명한 김광섭의 '저녁에'는 어디에 내놔도 빛나는 절창이 아닐 수 없다.

어쨌든 글로벌한 차원에서 사라의 이 시는 수많은 사람들에게 사랑받은 나머지 많은 사람들이 자신의 묘비명으로 이 시의 한 구절을 선택하기도 했다.

미국의 두 여성 별지기는 평생 절친으로 같이 별을 보다가 죽어서도 나란히 묻혔는데, 그들의 무덤 가운데 세워진 묘비에도 이 시구 - "우리는 별을 너무나 사랑한 나머지 밤을 두려워하지 않게 되었다"가 새겨져 있다. 별을 애틋하게 사랑해보지 않은 사람이라면 결코 이런 시구를 생산해낼 수가 없으리라.

이 시를 쓴 사라 윌리엄스는 19세기 영국의 시인이자 소설가로, 1837년 12월 런던 메릴본에서 웨일스 출신의 아버지 로버트 윌리엄스와 잉글랜드인 어머니 루이자 웨어 사이에서 태어났다. 그녀는 웨일스 혈통의 절반밖에 없었고 런던을 떠나서 산 적이 없었지만, 시에 웨일스 어구와 주제를 즐겨 다루어 웨일스 시인으로 간주되었다.

1868년 1월 이미 암 투병을 하고 있던 사라는 함께 문학을 나누었던 아버지의 갑작스러운 죽음으로 더욱 상태가 악화되었다. 그녀는 그해 4월 25일 수술 중 런던의 켄티시 타운에서 사망했다. 향년 31세.

그녀의 두 번째 시집인 〈황혼 무렵(Twilight Hours: A Legacy of Verse)〉은 사후인 1868년 후반에 출판되었다. 컬렉션에는 '어느 늙은 천문학자'가 포함되어 있다 (1936년 미국 재판에서 제목이 '한 늙은 천문학자가 그의 제자에게'로 알려짐). 이것이 그녀의 시 중 가장 유명하다.

이 시는 임종을 앞둔 나이 든 천문학자가 그의 제자에게 우주와 만물의 법칙에 관한 자신의 연구를 이어받아 계속 노력하라는 당부를 담은 내용이다. 시에서 네 번째 연의 후반부는 널리 인용되는 시구이다.

> "내 영혼이 비록 어둠 속에 잠길지라도 완전한 빛 가운데서 떠오르리라.
> 나는 별을 너무나 사랑한 나머지 밤을 두려워하지 않게 되었다."
> Though my soul may set in darkness, it will rise in perfect light;
> I have loved the stars too truly to be fearful of the night.

이 시구는 수많은 전문가는 물론 아마추어 천문학자들에 의해 그들의 비문으로 선택되었다. 중간 부분을 생략한 시를 아래에 소개한다.

한 늙은 천문학자가 그의 제자에게
– 사라 윌리엄스

나의 튀코 브라헤에게 나를 데려다주게
튀코를 만나면 나는 그인 줄 알게 될 거야

아무도 없는 숲의 나무는 쓰러져도 소리가 나지 않는다

그의 발 앞에 앉아 겸손하게 내가 이룬 과학을 들려줄 때
그는 만물의 법칙을 알고 있으면서도 그때부터 지금까지
우리가 그것을 완성하기 위해 어떻게 하고 있었는지 모를 거야

부디 기억해주게, 내 모든 이론을 그대에게 완전히 남겨주었다는 것을
그대가 어떤 부분만 메꾸어준다면 완성될 거야
그리고 사람들이 비웃을 거라는 걸 기억하게, 분명 그럴 거야
그리고 새로움에 대한 악평이 그대에게 퍼부어질 거야

하지만 나의 제자여, 그대는 내 제자로서 경멸의 가치를 배웠노라
그대는 나와 함께 연민으로 웃었고 우리의 고독을 기꺼워했었지
사람들의 인정과 미소가 우리에게 어떤 의미가 있을까
저들의 저속한 웃음과 숭배가 우리에게 무슨 가치가 있을까

저 독일 대학에게 명예가 너무 늦게 온다고 해도
그러나 그들은 노학자의 운명에 너무 자책해서는 안 된다
내 영혼이 비록 어둠 속에 잠길지라도 완전한 빛 가운데서 떠오르리라
나는 별을 너무나 사랑한 나머지 밤을 두려워하지 않게 되었다
(중략)
제자여, 이젠 작별해야겠다, 더 이상 말을 할 수 없구나
금성이 보이도록 커튼을 젖혀라, 내 눈이 더 어두워지기 전에
진줏빛 행성이 불타는 화성처럼 붉게 보이는 게 이상하구나
신이 자비롭게 내가 가는 길을 별들 사이로 인도하시리라.